建筑设计方法

主　编　史青　徐伟
副主编　唐意贤　喻良辉　张久春

河北大学出版社
·保定·

出 版 人：马　力
责任编辑：张　磊
装帧设计：王占梅
责任校对：刘景坤
责任印制：常　凯

JIANZHU SHEJI FANGFA

图书在版编目（CIP）数据

建筑设计方法 / 史青，徐伟主编. -- 保定：河北大学出版社，2025. 5. -- ISBN 978-7-5666-2598-4

Ⅰ. TU2

中国国家版本馆CIP数据核字第20250U9P57号

出版发行：河北大学出版社
地址：河北省保定市七一东路2666号　邮编：071000
电话：0312-5073003　0312-5073029
网址：www.hbdxcbs.com
邮箱：hbdxcbs@163.com
经　　销：全国新华书店
印　　刷：保定市文昌印刷有限公司
幅面尺寸：170 mm × 240 mm
字　　数：230 千字
印　　张：15.5
版　　次：2025 年 5 月第 1 版
印　　次：2025 年 5 月第 1 次印刷
书　　号：ISBN 978-7-5666-2598-4
定　　价：99.8 元

前　言

建筑是人类文明的物质载体，更是时代精神的生动写照。在新时代背景下，建筑设计不仅需要关注空间的功能与形式，更应肩负起传承文化、服务社会、践行可持续发展的重要使命。本书立足于设计类专业教育的根本任务，将建筑设计方法的专业知识与思政教育有机融合，系统构建“专业能力＋价值引领”的教学体系，以培养兼具专业素养与社会责任感的设计人才。

本书通过6章的内容构建了“理论—方法—实践—价值”四位一体的知识框架，每章还特别设置了“课程思政小结”板块，引导读者在掌握专业知识的同时，思考建筑设计实践的社会意义。本书具有三大鲜明特色：课程思政全程化，将价值引领贯穿知识传授的全过程，实现专业教育与思政教育同向同行；本土实践导向，实践案例的选取注重中国当代建筑实践，展现中国智慧和中国方案；时代命题回应，聚焦乡村振兴、城市更新等国家战略，培养读者解决实际问题的能力。

本书既可以作为建筑类、设计类专业的核心教材，也可以作为行业从业者的参考资料。本书由汉口学院艺术设计学院史青副教授和喻良辉助教、武汉工程大学土木工程与建筑学院徐伟特聘教授、湖北工程学院新技术学院城市建设系唐意贤助教、逸品装饰创始人张久春首席设计师共同编写完成。希望通过阅读本书，读者既能掌握扎实的建筑设计方法，也能深刻理解建筑师的职业价值，即我们设计的不仅是空间，更是人与自然、人与社会和谐共生的未来。

教育之道，育人为本，期待本书能够助力培养既具备专业能力又有家国情怀的新时代设计人才。对于书中可能存在的不足之处，敬请专家和读者提出宝贵意见。最后，特别感谢汉口学院校级教材立项经费的大力支持，确保了本书的顺利出版。

史青

2025年3月

目　录

第 1 章　建筑设计概论

1.1　建筑的内涵

建筑作为人类文明的重要组成部分，不仅是物质空间的构造，更是文化、艺术与社会关系的综合体现。其内涵深远，涵盖了功能、审美、环境与社会等多维度的要素。在探讨建筑的内涵时，我们不仅要关注建筑本身的形态和结构，更应从历史和文化的视角，深入理解其在社会发展中的作用和意义。

建筑是人类生存与发展的基础。自古以来，建筑的首要功能是提供庇护，满足人类对安全和舒适的基本需求。从古埃及的金字塔（如图 1-1）到古希腊的神庙（如图 1-2），再到现代社会的高楼大厦（如图 1-3），各种建筑形式体现了人类在各个历史阶段对居住环境的追求。随着社会的发展，建筑的功能也逐渐延伸，不再局限于简单的居住空间，越来越多的公共建筑，如学校、图书馆、医院等应运而生，反映了人类社会日益复杂的生活需求。

图1-1　古埃及的金字塔

图1-2　古希腊的神庙

图1-3　现代社会的高楼大厦

建筑承载了深厚的文化内涵。每一种建筑风格都与其所处的历史文化背景密切相关，比如中国的园林建筑（如图1-4），体现了道家哲学的“天人合一”理念，而欧洲的哥特式建筑则展现了宗教信仰的虔诚与对光明的渴望（如图1-5）。建筑不仅是文化的载体，更是文化认同的象征。通过建筑，世世代代的人们能够感受到历史的延续与变迁，进而增强对自身文化的认同感和自豪感。

审美是建筑内涵的重要组成部分。建筑艺术不仅要求建筑在功能上满足人的需求，还要创造新的美学形式。建筑的美学价值与其所处的环境、使用者的心理感受密不可分。建筑师在设计过程中需综合考虑这些因素，以创造出能与环境和谐共存的杰作。

图 1–4　中国的园林建筑

图 1–5　米兰大教堂

环境保护与可持续发展是现代建筑内涵中不可忽视的一部分。随着全球气候问题的日益严重，建筑领域也在努力寻求更加环保与可持续的解决方案（如图1-6）。绿色建筑的概念逐渐被广泛接受，建筑师们通过采用可再生材料、引入自然采光、优化能源使用等手段，设计出低碳、节能的建筑，旨在减轻建筑对环境的负担，同时提升人们的生活质量。在这一过程中，建筑不仅仅是物质的构筑，更是对自然的尊重与对未来的责任。

建筑同样反映了社会结构与人际关系。建筑的布局、功能分配及公共空间的设计，直接影响着人们的行为与社交方式。以社区为单位的建筑规划（如图1-7），更是试图通过合理的空间设计促进邻里之间的互动与联系，形成良好的社会氛围。同时，建筑还表现出社会阶层的差异，从富人区的豪华别墅到贫民窟的简陋居所，建筑在一定程度上揭示了经济状况、社会地位等社会现象。

图1-6　现代绿色建筑

图1-7　社区建筑

建筑的内涵是多维的，它不仅涉及物质层面的构建，更蕴含着文化、艺术、环境与社会等多个方面的深刻意义。建筑作为人类文明的重要象征，承载着时代的记忆与未来的希望。在全球化与城市化进程加速的今天，我们有必要重新审视建筑的内涵，以更好地推动建筑的创新与发展，为人类创造更加美好的生活环境。只有在深刻理解建筑的多重意义后，我们才能更好地进行建筑设计与城市规划，使其真正服务于人类的生活与发展。

1.2 建筑设计方法的基本要素

1.2.1 何谓建筑

建筑是建筑物与构筑物的总称。建筑物是指供人们生活、居住、工作、学习、娱乐和从事生产的建筑，如住宅、办公楼、商场、学校等（如图1-8）。构筑物则是指人们一般不直接在内部进行生产和生活的建筑，如广场小品、桥梁、堤坝等（如图1-9）。

图1-8 建筑物

图1-9 构筑物

在建筑学和土木工程的概念里，建筑还指兴建建筑物或发展基建的过程，涉及区域规划、城市规划、景观设计等综合环境设计构筑，以及社区形成前的相关营造过程。建筑是通过对空间的组织和结构的构建，以满足人类生活、工作和社会活动的需求而形成的物理环境。它以设计和施工为手段，涉及各种材料的使用、空间的规划，以及人机工程的考量。建筑可以是住宅、商业楼、公共设施等多种类型，各类建筑在形态和功能上表现出明显的差异。

1.2.2 何谓设计

设计是一种系统性的思维过程，旨在解决特定问题或满足特定需求。无论是在工业、建筑、产品还是服务等领域，设计的实质在于通过创造性的思维和方法，构思出具备功能性、美观性和可持续性的方案。设计不仅仅是一种艺术表现，更是一项战略性活动。其核心在于以人为本的思维，通过深入理解用户需求和环境背景，开发出符合这些需求的产品或服务。

广义而言，设计可以被视为一个包含多个阶段的综合过程（如图1-10）。这一过程通常包括研究、概念开发、原型制作和最终实施。在研究阶段，设计师通过市场调研、用户访谈和观察分析来识别问题和需求。在概念开发阶段，设计师通过头脑风暴和草图设计，生成多种可能的解决方案。在原型制作阶段，设计师将概念落实为具体的模型或样本，以便进行测试和评估。在最终实施阶段，设计师会将最终的设计方案付诸实践，确保其能够顺利投入使用。

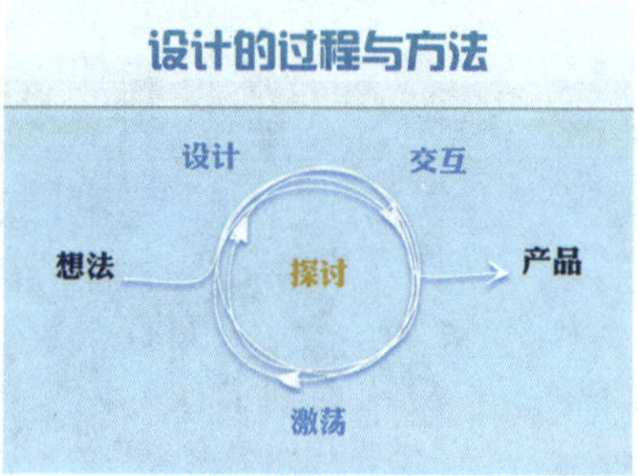

图1-10 设计的过程

设计的成功不仅取决于其美学价值和功能性，也与其所处的社会文化背景密切相关。不同的文化、社会和历史环境会影响设计的形式和内容。因此，设计师在创作过程中需要对文化因素保持敏感和尊重，以确保设计成果能够得到广泛的接受和认可。此外，随着技术的发展和社会各界对可持续性的关注，现代设计也逐渐向更加环保和智能化的方向演进。

在当今快速变化的社会中，设计的角色愈发重要。它不仅影响着产品和服务的质量，也在很大程度上决定了用户的体验与生活方式。设计已不再仅仅是为了解决功能性问题，更是创造美好生活、提升社会价值的一种手段。在这一过程中，设计师肩负着重要的责任，他们不仅需要具备扎实的专业技能，还需要具备对社会、环境和人类未来的深刻思考。

1.2.3　如何学习建筑设计

建筑设计是一门复杂且富有挑战性的学科，涉及艺术、科学和技术的结合。建筑师不仅需要具备良好的艺术审美能力，还需要掌握物理、工程、环境和社会等多个学科的知识。因此，学习建筑设计的过程是全面而系统的。

（1）确定学习目标

在开始学习建筑设计之前，首先要明确个人的学习目标。建筑设计包括多个领域，如城市规划、室内设计、可持续建筑等。不同的领域对设计师的要求和技能侧重各不相同。因此，学习者需根据自己的兴趣和职业规划，选择适合的方向。设定明确的目标可以指导学习过程，使其更具方向性。

图 1-11　建筑设计软件

（2）课程学习与理论知识

学习建筑设计应当从基础的理论知识入手，包括建筑历史、建筑理论、结构力学、建筑材料、环境设计等。同时，学习使用建筑设计软件（如 AutoCAD、Revit、SketchUp 等）也是必不可少的，因为这些软件在现代建筑设计中扮演着重要角色（如图 1-11）。

（3）实践经验的积累

参与项目和实习。理论和实践相结合是学习建筑设计的重要一环，参与真实项目和实习经历可以帮助学习者将所学知识应用于实践，并了解行业的实际运作。许多社会企业、建筑事务所都可以提供实习机会，加入这些机构能够获得宝贵的实践经验，并与专业人士建立联系。

参加设计竞赛。积极参与各类建筑设计竞赛不仅可以锻炼设计能力，还能提升解决实际问题的能力。设计竞赛通常要求设计师在有限的时间内提出创新的设计方案，这对提高思维的灵活性和创造力非常有帮助。

(4) 培养审美与批判性思维

建筑设计不仅是功能的实现，更是艺术的表达。可以通过参观著名建筑、艺术展览、参加讲座和研讨会等方式来培养自己的审美能力。同时，学习批判性思维也是至关重要的。学习者需要通过分析和评价各种建筑作品，理解设计背后的理念与思考，从而提升自己的设计水平。

(5) 交流与合作

建筑设计是一个高度协作的领域，设计师需要与工程师、规划师、环境专家等多领域的专业人士进行合作。因此，培养良好的沟通能力和团队合作精神对学习建筑设计至关重要。参与课外小组、讨论会和设计工作坊，不仅能够扩展视野，还能提升自己的协作能力。

(6) 持续学习与探索

建筑设计是一个不断发展的领域，新的技术和材料不断涌现。因此，建筑设计师需要保持对新知识的好奇心与探索精神。参加专业研讨会、阅读最新的建筑书籍和期刊、时刻关注行业动态，这些都是持续学习的重要方式。还可以借助网络学习在线课程和参加培训，丰富自身的知识储备。

(7) 建立个人风格

随着专业技能水平的提升，建筑设计师应逐步尝试形成自己的设计风格和理念。通过不断的实践，设计师可以在设计中融入个人的理解和情感。这不仅是个人特色的体现，也是职业发展的必要步骤。设计师应善于反思，并结合自己的设计理念与实践以寻找最佳的表达方式。

1.3 建筑的属性

1.3.1 适用性

建筑作为人类社会的重要组成部分，其设计与建造不仅仅是为了满足基本功能需求，更是与文化、环境及社会需求紧密相关。在众多建筑属性中，适用性作为一个核心概念，直接影响着建筑物的使用效率、功能实现及其与人类生活的融合程度。适用性的内涵非常广泛，包括空间的灵活性、功能的多样性、用户的舒适度及适应未来变化的能力等方面。

适用性是指建筑在功能、形式、环境等多方面满足使用者需求的能力。建筑的适用性不仅关系到其设计是否合理，还涉及其对使用者的实际影响。例如，一座学校建筑（如图 1–12）必须能够满足教学、活动、社交等多重功能需求，而一座住宅建筑（如图 1–13）则需兼顾居住舒适性与个体空间的需求。适用性直接影响到建筑物的使用效率和使用寿命，是建筑设计评估的重要标准之一。

图 1–12　学校建筑

图 1–13　住宅建筑

在现代社会，随着人口的增加和城市化进程的加快，建筑的适用性显得愈发重要。建筑不仅需要承载人们的生活习惯、文化活动，还必须面对环境变化、经济发展等挑战。因此，适用性不再是一个单一的维度，而是一个动态的、综合的属性，涉及生态、经济和社会等多个层面。

1.3.2 技术性

在当今迅速发展的社会中，建筑不局限于满足基本的居住和使用功能，其背后蕴含的技术性已成为影响建筑设计、施工及运营的重要因素。建筑作为一个复杂的系统，涉及多个学科的知识和技术，从结构工程、材料科学到环境工程等，技术性成为其不可或缺的一部分。

建筑的技术性是指在建筑设计、施工和管理中运用科学和工程原理所涉及的各种专业技能和知识。技术性不仅体现在建筑的物理形态上，更深层次地反映在建筑的功能、耐久性、能效和安全性等多个维度。建筑技术性的提升，能够有效改善建筑的使用舒适性、降低运营成本，并提高资源的利用效率。

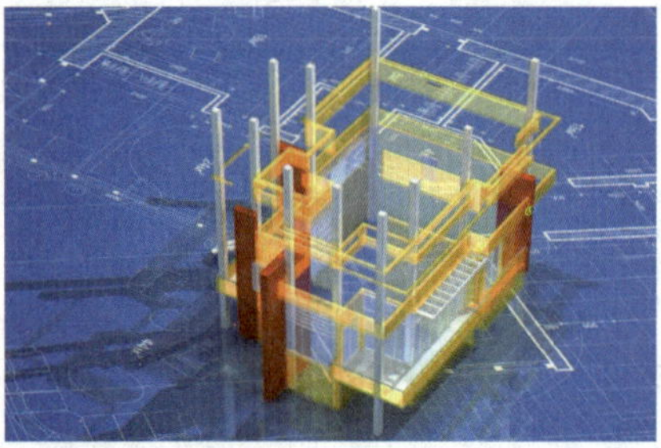

图 1-14　建筑技术图纸

技术性在建筑设计阶段便发挥着举足轻重的作用。设计师需要运用最新的计算机辅助设计（CAD）及建筑信息建模（BIM）技术，模拟建筑项目在不同条件下的表现（如图 1-14）。通过运用这些高科技工具，设计师能够提前识别潜在问题，优化设计方案，提升建筑的整体性能。

1.3.3 艺术性

建筑作为人类文明的重要组成部分，不仅是物质环境的构建，也是精神文化的体现。在漫长的发展历史中，建筑不仅承担着居住、工作和交通等功能，更融合了美学、艺术与科技，形成了独特的建筑艺术性。

建筑的艺术性是指建筑作品在形式、空间、功能和文化等多重维度上所体现出的美学价值。它不仅关乎外观设计的美感与独特，更体现了建筑师对空间的理解、对材料特性的利用，以及对人文环境的回应。建筑不再是单纯的物理空间，而是一种通过设计传达情感和思想的艺术形式。

建筑的艺术性是一种多维度、跨学科的概念，涵盖了科学、技术与艺术的广泛领域。它不仅影响着建筑的形式与功能，更深刻地影响着人类的生活方式和文化传播。因此，在未来的建筑设计与实践中，如何进一步探索和发展建筑的艺术性，将是每位建筑师和设计师不可忽视的重要课题。通过对建筑艺术性的深入理解与实践，我们不仅能够创造出更具美感与功能性的建筑，还能够为塑造更加和谐美好的生活环境贡献智慧与热情。

1.3.4　文化性

在全球化日益加深的今天，建筑作为一种承载文化的物质表现形式，愈发融入了各自独特的文化特征。建筑不仅仅是结构和空间的集合，更是一种文化的象征，体现了历史、传统、价值观和社会习俗，其文化性在建筑设计、材料使用、空间布局及建筑风格等层面都得以充分展现。

建筑的文化性是指建筑在设计和建造中所反映出的文化特征，涵盖了地域文化、民族精神、历史背景及社会变迁等方面。建筑是人类社会对自然环境的适应与改造，其背后所反映出的文化内涵往往是深厚而复杂的。文化性不仅体现在建筑的外观形态上，更深入建筑的功能、使用方式，以及人类与建筑之间的互动中。

建筑的文化性是一种多维度的体现，它通过地域性、历史性和社会性，将人类的智慧与情感凝聚于一砖一瓦之间。理解建筑的文化性不仅有助于我们欣赏和保护已有的文化遗产，还能为当代建筑设计提供灵感和方向。面对瞬息万变的现代社会，建筑作为文化的载体，肩负着塑造人类未来生活方式的重要使命。只有尊重和融入文化的建筑，才能真正实现人与自然、人与社会的和谐共生，从而为未来人类文明的进步贡献力量。

1.3.5　社会性

在当今社会，建筑不仅仅是物理空间的堆砌，更是文化、社会及经济等多种因素交织的结果。建筑的社会性体现在其与人类活动的关系中，影响着人们的生活方式、社交互动及心理感受。通过探讨建筑的社会性，我们可以更好地理解建筑如何塑造社会关系、影响人群行为，以及在更广泛的社会结构中扮演更重要的角色。

建筑作为社会空间的载体，直接影响着人们的社交活动和日常生活。不同类型的建筑，如住宅、商业中心、文化设施及公共建筑等，共同塑造了人们的生活环境和社交网络。建筑不仅是功能性的存在，还承载着丰富的文化和社会象征意义。某些历史建筑或地标性建筑成了城市身份和文化认同的重要组成部分。建筑的象征性还可以在不同社会群体之间建立联系。通过对共享空间的设计，可以增强不同文化、性别和年龄群体之间的互动与理解。建筑不仅影响着人们的社交互动，也在潜移默化中塑造着社会行为，建筑的可达性和便利性也直接关系到人们的生活方式。现代建筑不仅要关注自身的设计与功能，更应承担起社会责任，实现人与环境的和谐共存，因此建筑的可持续性在社会性中愈发显得重要。

建筑的社会性是一个复杂而重要的主题，涉及人际关系、文化认同、行为模式及可持续性等多个方面。建筑不仅是居住和工作的场所，更是人类社会的文化载体和互动平台。在未来设计建筑时，建筑师和规划者应充分重视这些社会性因素，创造出更具包容性、可达性和可持续性的空间，以促进健康的社会结构，提升人们的生活质量。只有通过关注建筑的社会性，我们才能真正理解建筑的价值，并为社会的进步贡献智慧与力量。

1.4 建筑分类与建筑类别等级划分

建筑作为人类文明的重要载体，承担着居住、工作、交流、文化等多重功能。随着社会的发展与技术的进步，建筑的类型日益丰富，其功能和结构也愈加复杂。在此背景下，建筑分类与建筑类别等级划分显得尤为重要。

1.4.1 建筑分类

建筑的分类可以从多个维度进行划分，主要包括功能、结构、使用材料和建筑高度等方面。

（1）按照功能分类

根据建筑的使用功能，通常可以将建筑分为以下几类。

居住建筑，指用于人们居住的建筑，如住宅、别墅、公寓等（如图 1–15），这类建筑的设计重点在于提供舒适的居住环境。

公共建筑，包括学校、医院、图书馆、文化中心等（如图 1–16），主要服务于社会公众，设计时需考虑人流量和功能分区。

商业建筑，如商场、写字楼、酒店等（如图 1–17），这类建筑侧重于开展商业活动，设计时需注重空间布局和商业氛围的营造。

工业建筑，包括工厂、仓库等（如图 1–18），主要功能是进行生产和存储，强调实用性和功能性。

图 1–15　居住建筑

图 1–16　浙江衢州龙游博物馆

图 1–17　湖南岳阳商业建筑设计

图 1–18　内蒙古工业大学建筑馆（改造前是内蒙古工业大学机械厂的铸工车间）

（2）按照结构分类

根据建筑的结构形式，通常可以将建筑分为以下几类。

混凝土结构（如图1-19），常见于高层建筑，具有良好的抗压性和耐久性。

钢结构（如图1-20），通常用于大型公共建筑，具有良好的抗震性和强度，可以实现大跨度设计。

砖木结构（如图1-21），这是一种传统的建筑形式，适用于低层住宅，具有良好的保温性。

图1-19　混凝土结构建筑

图1-20　钢结构建筑

图1-21　砖木结构建筑

（3）按照使用材料分类

根据建筑的所用材料，通常可以将建筑分为以下几类。

砖石建筑（如图1-22），以砖和石材为主要建筑材料，适用范围广泛，使用历史悠久。

木结构建筑（如图1-23），多见于温带和寒带地区，具有良好的自然属性，但耐久性较差。

钢筋混凝土建筑（如图1-24），现代建筑中的主流结构形式，广泛应用于各类建筑中。

图1-22　砖石建筑

图1-23　木结构建筑

图1-24　钢筋混凝土建筑

(4) 按照建筑高度分类

根据建筑的实际高度，通常可以将建筑分为以下几类。

低层建筑（如图1-25），一般指不超过3层的建筑，如独栋住宅。

多层建筑（如图1-26），通常指4层至8层之间的建筑，适用于住宅和公共建筑。

高层建筑（如图1-27），通常指8层以上的建筑，尤其是超过20层的摩天大楼，具有复杂的设计和施工要求。

图1-25 低层建筑

图1-26 多层建筑

图1-27 高层建筑

1.4.2 建筑类别等级划分

建筑类别等级划分是指根据建筑的功能、规模、构造，以及社会经济地位等方面将建筑划分为不同等级的体系，这种划分有助于对建筑进行管理与评价。

（1）按照国家标准的等级划分

在中国，对建筑的等级划分通常参考《建筑工程分类与等级划分标准》。根据建筑的功能和社会经济影响，通常可以将建筑划分为以下等级。

一类建筑（如图 1-28），具有国家级影响的建筑，通常是大型文化、体育中心及博物馆等。

图 1-28　一类建筑——中国大运河博物馆

二类建筑（如图 1-29），具有省级影响的建筑，如大学、医院等。

三类建筑（如图 1-30），具有地方性影响的建筑，如普通住宅、商业场所等。

图1-29　二类建筑——许昌市中心医院

图1-30　三类建筑——万达广场

（2）按照建筑使用安全等级划分

建筑的安全性是保障使用者人身财产安全的重要因素，根据建筑的安全性能，通常可以将建筑划分为以下等级。

特级建筑（如图1-31），具有极高的安全标准，如重大公共设施等。

一级建筑（如图1-32），满足正常使用的安全要求，如常见的商业建筑和公共建筑。

二级建筑（如图1-33），符合边际安全要求，如低层住宅及小型商业设施等。

图1-31　特级建筑

图1-32　一级建筑

图1-33　二级建筑

课程思政小结

通过本章的学习，学生应该能够深刻理解建筑设计不仅是技术与艺术的融合，更是社会责任与历史使命的体现。本章的内容强调在追求建筑形式创新与功能优化的同时，必须坚守可持续发展理念，关注环境保护与资源节约，促进人与自然的和谐共生。鼓励学生关注社会公平与人文关怀，确保建筑设计能够服务于广大民众，提升社会福祉，特别是关注弱势群体的需求，让建筑成为促进社会和谐与包容的积极力量。

此外，设计者还需认识到当下众多国家都在致力于推动绿色建筑发展，以减少建筑行业的碳排放，实现可持续发展目标。我国也在大力倡导绿色建筑理念，出台了一系列相关政策。在建筑设计中，选用环保可再生材料、优化建筑朝向以充分利用自然采光和通风等，都是践行绿色环保理念的体现。这就要求设计者要具备强烈的环保意识和社会责任感，认识到建筑设计不仅关乎美观与实用，更对地球家园的未来有着深远影响。通过学习，设计者可以在未来的建筑工作中积极采用绿色技术，为缓解气候变化、保护生态环境贡献自己的专业力量，将个人的职业追求与国家乃至全球的可持续发展紧密相连。

第2章　建筑形态构成

2.1　建筑形态构成的基本要素

2.1.1　形体基本要素——点、线、面、体

形体的基本要素主要包括点、线、面、体，这4个要素在形体的构成中起着至关重要的作用。

（1）点

点作为形体构成的基础单元，虽然看似简单，但具有极强的表现力。在视觉艺术中，点实际上是面的缩小。当从较远的距离观察时，较小的面或物体可以被视为点。点具有收敛集中的效果，能够吸引观者的注意力。在建筑、雕塑或绘画等艺术领域，点元素经常被用来强调特定区域或引导视线流动(如图2-1)。

（2）线

线是点运动的轨迹，是形体构成的重要元素之一。线具有长度和位置，但不具有面积。然而，从构成的角度来讲，线可以被认为是具有宽度、长度和面积的细长物体。线的不同形态，如直线、曲线、折线等，能够传达出不同的情

图2-1　点元素

图2-2　比利时简约行政办公楼

感和信息。直线给人以明确、直接的感觉，而曲线则显得柔和、流畅。在设计中，线的运用可以创造出丰富的视觉效果和构图形式（如图2-2）。

（3）面

面是由线围合而成的二维空间，是形体构成的关键要素之一。面具有明确的形状和大小，能够占据一定的空间范围。在建筑和雕塑中，面常常被用来构成建筑或雕塑的主体部分，如墙面、屋顶面、地面等（如图2-3）。面的不同形状、大小、比例和方向等因素都会对形体的整体效果产生影响。例如，矩形面给人以稳定、平衡的感觉，而圆形面则显得柔和、圆满。

（4）体

体是由面围合而成的三维空间，是形体构成的最终表现形式。体具有长度、宽度和高度等3个维度，能够占据三维空间中的一定范围。在建筑、雕塑和工业设计等领域中，体元素被广泛应用于构建各种形体和结构（如图2-4）。体的不同形状、大小、比例和组合方式都会对其空间感和体量感产生影响。例如，立方体给人以稳重、刚健的感觉，而球体则显得圆润、柔和。

图 2-3　MoonHoon 事务所

图 2-4　体元素

2.1.2　形体基本要素间的关系

形体基本要素之间的关系是紧密相连、相互依存的，它们共同构成了形体的基础，并在形体设计中发挥着各自独特的作用。

(1) 点与线的关系

点动成线。在形体构成中，点可以看作是线的起点或终点，或者是线上的一个特殊位置。当点沿着一定的轨迹运动时，就会形成线。这种关系体现了从单一元素到连续元素的转变。

点的聚散影响线的形态。点的聚集和分散可以影响线的粗细、曲直等形态。例如，密集的点可以形成粗线，而稀疏的点则可能形成细线或断线。

(2) 线与面的关系

线围合成面。线作为面的边界，通过围合形成面。不同的线条组合可以构成各种形状的面，如直线形成的矩形面、曲线形成的圆形面等。

线的动势引导面的方向。线的动势（如水平、垂直、斜向等）可以引导面的方向感，使面呈现出不同的视觉效果。例如，水平线给人以稳定、平静的感觉，而斜线则可能产生动感或不稳定感。

(3) 面与体的关系

面组合成体。面在空间中的组合和围合形成了体。体是由多个面按照一定规律排列和组合而成的三维形态。

面的转折构成体的轮廓。面的转折和交界处构成了体的轮廓线，这些轮廓线不仅界定了体的形状和大小，还决定了体的视觉特征。

(4) 点、线、面、体的综合关系

相互依存。点、线、面、体在形体构成中相互依存，没有点就没有线，没有线就没有面，没有面就无法构成体。它们之间形成了一个完整的系统，共同构成了形体的复杂性和多样性。

相互作用。点、线、面、体在形体设计中相互作用，共同影响形体的视觉效果和审美感受。例如，点的位置、大小、排列方式可以影响整体的视觉效果；线的形态、方向、密度可以决定面的性格特征；面的形状、大小、比例可以影响体的体量感和空间感。

2.1.3　建筑体量的构成法则

(1) 对称与平衡

对称性是建筑设计中常用的构成法则之一。对称的建筑往往能给人以稳定与和谐的感觉。建筑师在进行体量设计时，通过对称的布局能够有效提升建筑的整体性和形象。例如，古典建筑往往利用对称来强调庄重和严谨。而平衡不仅限于对称，也包括在视觉、重量及色彩上的均衡。动态平衡和静态平衡的运用往往使得建筑显得更加生动（如图 2-5）。

图 2-5　对称与平衡

(2) 比例与尺度

比例是指建筑各部分之间的关系，尺度则是建筑与人之间的关系。良好的比例能使建筑物在

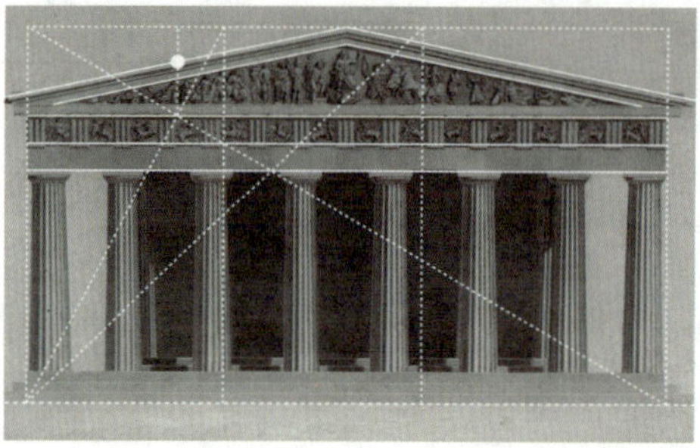

图 2-6　帕特农神庙

图 2-7　丝带教堂

图 2-8　流水别墅

视觉上更加协调，增强整体的美感。建筑师通过对比、重复和节奏的运用，创造出一种有序的体量感（如图 2-6），使得建筑不仅在视觉上引人入胜，也在功能上更加合理。比例还能影响光线的运用与空间的流动性，从而影响使用者的体验。

（3）空间的流动与连接

建筑体量不仅是孤立的形态，还是空间的具体呈现。优秀的建筑设计往往在体量之间创造出丰富的空间流动，强调不同功能区域之间的连接与互动（如图 2-7）。这种连接与互动可以是通过开敞的过渡空间、走廊、天井等形式实现，使得空间在视觉上形成一个完整的序列。此外，建筑内部空间的组织结构、动线设计等都在很大程度上受体量构成法则的影响。

（4）环境的依赖性

建筑体量的设计与周遭环境密不可分。建筑物在特定的地理位置、历史背景与文化语境中被赋予了相应的意义与功能。环境对建筑体量的影响体现在多个方面，如地形、气候、生态等（如图 2-8）。设计师必须根据环境特征来调整建筑形态，以达到最佳的环境适应性。建筑的朝向、通风、采光等都需考虑这些因素，从而实现人与自然的和谐共生。

(5) 材质与技术的结合

建筑体量的构成还与材料的使用密不可分。不同材质具有不同的物理属性及视觉效果，建筑师在设计时需要根据体量的特征选择合适的材料。材料的厚度、质感、颜色会直接影响体量的表现力与视觉效果。此外，现代建筑技术的进步也为建筑体量的创新提供了广阔的空间，通过新型材料与技术手段（如图2-9），建筑师得以探索之前无法实现的体量形态。

2.2 建筑空间设计形态构成方法

2.2.1 拉伸

在建筑设计中，拉伸可以理解为对空间、形态和材料进行延展和变形的过程。这一过程涉及多个维度，包括线性拉伸、平面拉伸及立体拉伸等。从物理学的角度来看，拉伸是一种力的作用结果，导致物体在某一方向上的形状改变。在设计实践中，拉伸不仅限于物理上的延展，更加依赖于设计师对于空间的理解与创造性应用（如图2-10）。

拉伸的形式多种多样，可以是直线的、曲线的，也可以是复合型的。这种多样性赋予了建筑设计更多的自由度，使得设计师能够根据功能需求和美学诉

图2-9　材质与技术的结合

图2-10　哈萨克斯坦娱乐中心

求，创造出独特的空间形态。例如，某些建筑物通过对立面进行拉伸，形成了动感十足的外观，而通过对空间内部的拉伸，设计师能够有效利用有限的面积，提升空间的可用性与舒适度。建筑设计中拉伸的设计策略包括以下几点。

（1）物理模型分析

在拉伸设计的初始阶段，设计师通常使用物理模型来探索形态的可能性。通过对不同材料的拉伸实验，设计师可以洞察材料在拉伸过程中所呈现出的不同特征。针对每种材料的拉伸特性，设计师可以在模型层面找到最佳的构成方法，进一步拓展设计思路。

（2）数字化工具的运用

随着设计技术的发展，数字化工具在建筑设计中的应用愈发广泛。计算机辅助设计软件可以模拟拉伸过程，帮助设计师以更精确的方式探讨形态的生成。通过参数化设计，设计师可以实时调整拉伸参数，快速获得各种形态变化的效果图。这种方法不仅提高了设计效率，也为形态的多样性提供了可能。

（3）空间流动性的考量

拉伸形态的构成不仅要考虑形式的美观，更要关注空间的流动性与功能性。在拉伸设计中，空间的连接与过渡显得尤为重要。设计师可以通过拉伸形态创造出更为流畅的空间体验，促进人流的自然流动。例如，通过在建筑物的入口处进行线性拉伸，设计师能够营造出一种迎接感，使人们在进入建筑时感受到空间的开阔感与引导性（如图2-11）。

（4）生态与可持续性

现代建筑设计越来越关注生态与可持续性，而拉伸形态的构成方法也可以在这一背景下进行拓展。通过对建筑形态的拉伸设计，建筑师可以优化自然通风、采光及热辐射等自然现象，从而提升建筑的能效（如图2-12）。例如，一些建筑通过对屋顶及外立面的拉伸与曲折，能够最大限度地利用阳光，减少能耗。

图2-11　建筑流动空间

图2-12　绿色建筑

2.2.2　断裂

“断裂”一词源于物理学及材料学，主要描述材料在受力时产生的裂缝和断点。在建筑空间设计中，断裂不仅可以被视为一种物理形态的分离，更多地表现为设计理念上的突破与创新。它挑战了传统建筑的完整性和连续性，强调了空间的分割、对比与重新组织，创造出具有张力和动态感的建筑形态（如图2-13）。

建筑设计中断裂的设计策略主要包括以下几点。

（1）几何元素与形态的探索

在设计过程中，建筑师往往运用几何学原理，打破常规的空间布局，营造出非传统的空间形态。通过重组几何元素及打破对称性，可以制造出具有视觉冲击力的建筑形态。此外，通过大胆地运用形状和结构，不仅可以使建筑在视觉上更具吸引力，也能增强其在城市环境中的辨识度。

（2）材料的选择与运用

材料的选择与运用对传达设计意图起着至关重要的作用。断裂的建筑设计常常需要结合不同材料的特性，通过材质的对比增强空间的破碎感。例如，金属、玻璃、混凝土等多种材料的结合，能够突出建筑的断裂特性，形成强烈的视觉对比，进而引发观者的思考。

图2-13　断裂式建筑

（3）功能的再定义

断裂的空间设计还涉及功能的再定义。设计师可以根据空间的断裂特性，重新规划使用功能，使空间的利用更为多样化。通过灵活的空间布局，断裂可以为不同的活动提供可能的空间组合，满足人们日益变化的生活需求。

2.2.3　扭转

扭转这一概念源于几何学，通常指物体绕其轴心进行的一种旋转运动。扭转是一种通过对建筑物体在其自身轴线或平面上进行旋转变形的手法。这种设计方法常常打破传统的对称布局，创造出一种动态美感。与简单的直线和方形的建筑形式相比，扭转设计更能够传达出一种流动的、有机的空间感。此外，扭转所带来的形式变化，往往能够更好地适应环境，增强建筑的可持续性。

建筑设计中扭转的设计策略包括以下几点。

（1）二维平面扭转

二维平面扭转是指在建筑的平面布局上进行设计，通过对平面形态的旋转来实现建筑功能的划分。例如，在设计现代办公大楼时，利用扭转的平面布局（如图2-14），使得各个办公区域之间形成一种开放而又独立的关系，这不仅提高了空间的使用效率，也使得光线的分布更加均匀。

（2）三维立体扭转

在三维空间中，扭转更为复杂，通常涉及建筑构件在立体空间中的旋转。建筑师可以通过对立面、屋顶或结构柱的扭转，实现极具个性的立体形态。这种立体的扭转设计可以提供更多的功能性空间，如增加临街的展示面积或创造更为丰富的景观视角。例如，新加坡的梅赛德斯-奔驰展厅（如图2-15），其外立面的层叠扭转，既达到了可视性的目的，又在立体上形成了一种流动感，使得建筑可以在不同角度下呈现出不同的面貌。

图2-14　扭转建筑

图2-15　新加坡梅赛德斯-奔驰展厅

（3）结构扭转的优化

在实际工程中，结构的稳定性是建筑设计中不可忽视的重要因素。在设计扭转建筑时，合理的结构优化被视为一项技术挑战。为了实现建筑扭转的美学效果，通常采用复合材料或先进的计算机建模技术。通过对结构力学的精确分析，确保在满足美观的基础上，实现结构的安全性与耐久性。

2.2.4　错位

在建筑空间设计中，错位指的是将建筑元素（如点、线、面、体等）或空间按照非传统、非对称的方式进行排列或组合，从而打破原有的秩序感，创造出新的视觉形象和空间体验。错位手法能够赋予建筑形态以不确定性、运动感和复杂性，使建筑在视觉上更加生动和引人入胜。错位作为一种重要的形态构成方法，被广泛应用于各类建筑设计之中。错位通过打破传统的对称、平衡或线性排列方式，创造出独特、动态且富有层次感的空间效果。

建筑设计中错位的设计策略包括以下几点。

（1）高度错位的应用

高度错位是建筑空间设计中最常见的手法之一。设计师通过垂直方向上的改变，营造出不同层次的空间体验。例如，现代建筑中常常通过错落的楼层设计（如图2-16），形成独特的立体视觉效果。这种高度的差异化不仅能够使建筑本身具备艺术感，还可以通过合理的空间布局提升居住舒适度。此外，高度错位在公共建筑设计中同样具有重要意义，它能够有效地引导人流，提升空间的使用效率。

图2-16　建筑的高度错位

（2）横向错位的效果

除了高度错位以外，横向错位同样是设计师调整空间关系的重要手段（如图2-17）。在一些创新型建筑中，设计师会运用不同宽度的屏障、墙体或窗户来引导视线，使得空间组织呈现出丰富的层次感与变化。例如，在某些艺术展览馆的设计中，通过不同高度和宽度的展墙位置变换，可以使观众在参观时产生不同的空间认知及心理反馈，从而促进艺术欣赏的深度和广度。

图2-17　建筑的横向错位

（3）内外错位的设计

内外错位是一种通过建筑物的围合体与自然环境之间的关系来创造空间体验的方法。建筑师通过对建筑外形的设计，使建筑在视觉上与景观形成微妙的错位，从而打破传统建筑与自然景观的界限，实现空间的有机融合（如图2-18）。在现代建筑设计中，这种手法的代表作有日本著名建

图 2-18　建筑的内外错位

筑师安藤忠雄设计的许多建筑，它们通过开放的空间布局，以及与自然环境的对话，形成了一种具有和谐美感的空间体验。

2.2.5　凹凸

凹凸，顾名思义，是指在建筑形体或空间界面上形成的向内凹进或向外凸出的形状（如图 2-19）。这种方法通过打破建筑表面的平滑或单一性，创造出具有动态感和变化性的空间形态。凹凸的构成原理在于利用建筑元素的形状、大小、排列方式等差异，形成视觉上的对比和变化，从而增强建筑的艺术感染力和空间表现力。凹凸作为一种重要的形态构成方法，通过在建筑形体或空间界面上创造凹入或凸出的形状，以丰富建筑的视觉效果、增强空间的立体感和层次感。

建筑设计中凹凸的设计策略包括以下几点。

（1）几何构型的运用

在建筑设计中，凹凸关系往往通过几何形状的变化来体现。经典的几何元素，如立方体、圆柱体和金字塔等不同的组合与排列能产生丰富的视觉效果和空间体验。当建筑师在设计中考虑将这些基本几何元素进行凹凸处理时，能够形成独特的建筑形态。例如，通过对立方体的切割与叠加，形成的层次感和立体感使得建筑在空间上更具张力。同时，建筑师可以使用帕特里克·许的解构主义风格，将几何形状进行解构与重组，创造出一种非线性的视觉体验，使建筑作品在提供功能的同时，又能突破传统建筑的界限（如图2-20）。

图2-19　Cabrils中学

图2-20　帕特里克·许的解构主义风格

（2）材料的选择

材料的选择是影响建筑凹凸形态的重要因素，不仅会影响结构的负荷能力与稳定性，更直接关系到视觉和触觉的感受。在现代建筑设计中，玻璃、钢材、混凝土等新材料的广泛使用，让建筑师能够更加灵活地塑造凹凸形态。例如，透明玻璃的运用不仅可以模糊建筑的界限，也可以让建筑表面产生复杂的光影变化，从而增强建筑与周围环境的交互。相对而言，混凝土则可以通过精细的模具制作出细致的凹凸花纹，不同的表面处理还能营造出丰富的空间氛围。因此，建筑师在选择材料时，需充分考虑到材料的物理特性和在不同光照条件下的表现力，从而更有效地实现建筑形态的设计目标。

（3）光影的变化

光影是建筑空间设计中不可忽视的元素。在凹凸造型的建筑中，光的照射会因为表面形态的不同而产生丰富的阴影效果。这种光影变化不仅赋予了空间生命力，还能改变空间的情感表达。建筑师可以通过设计朝向、开窗方式，以及凹凸表面的角度，来调节建筑内外的光线条件。例如，在马里奥·博塔的许多作品中（如图2-21），建筑表面的凹凸设置能够较好地吸收自然光，并通过光线反射产生动人的光影交错，创造出变幻莫测的空间感。在建筑设计中，将光影变化与空间形态相结合，能够有效提升建筑的视觉美感及其与环境的融入度。

图2-21 马里奥·博塔的建筑作品

（4）人机关系的考虑

建筑空间是人们日常生活的重要环境，其设计不仅要考虑形式美观，更要关注使用者的体验与需求。在凹凸形式的建筑设计中，如何平衡人机关系，体现出空间的流动性与包容性，是一个重要的考量。例如，在室内空间设计中，合理的凹凸设计能够优化动线，使空间流畅而富有层次，一些突出的设计元素能够引导人的注意力，形成空间焦点。通过设置合理的凹陷区域与凸起元素，建筑师可以创造出休憩、交流的场所，增强人们对空间的归属感。此外，凹凸元素的设计也应考虑到无障碍设计，确保不同能力的人群均可方便地使用空间。

2.3 形态构成的美学法则

2.3.1 尺度与比例

在建筑形态构成中，尺度与比例是两个至关重要的美学法则，它们不仅影响着建筑的整体视觉效果，还直接关系到建筑的功能性和使用者的舒适度。

（1）尺度

尺度是描述建筑与人体之间大小关系，以及建筑各部分之间大小关系的概念，它关注的是建筑外观给人的大小印象是否与其真实大小相一致。在建筑设计中，尺度的把握需要考虑到人的视觉感受和心理需求。

人体尺度。建筑设计师常以人体自身的尺度为中心，根据人体活动的方便性来设定各种尺度标准（如图2-22）。例如，门的高度和宽度、台阶的高度和宽度等都需要符合人体工程学原理，以确保使用的舒适性和便捷性。

视觉尺度。除了物理尺度外，建筑还需要在视觉上达到和谐统一。这就要求设计师在设计时要注意建筑各部分之间的比例关系，以及建筑整体与周围环境之间的协调（如图2-23）。通过合理的尺度设计，可以使建筑在视觉上更加和谐、舒适。

（2）比例

比例是指建筑的各种大小、高矮、长短、宽窄、厚薄、深浅等的比较关系，它关注的是建筑整体与局部，以及局部与局部之间的数量关系。良好的比例能够给人以和谐、完美的感受，反之则可能产生不协调或单调的视觉效果。

黄金分割比。在建筑设计中，黄金分割比（1:1.618）是一个被广泛运用的比例关系。这一比例被认为具有和谐的美感，能够产生令人愉悦的视觉效果（如图2-24）。设计师可以通过运用黄金分割比来安排建筑各部分的比例关系，以实现整体的和谐统一。

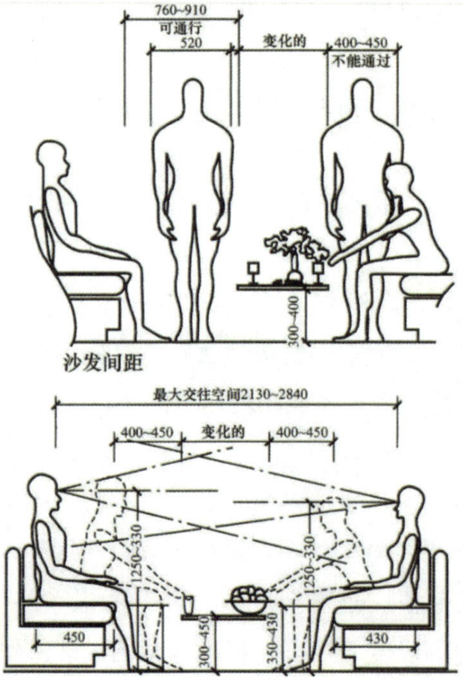

图2-22　人体尺度（单位：毫米）

图2-23　视觉尺度

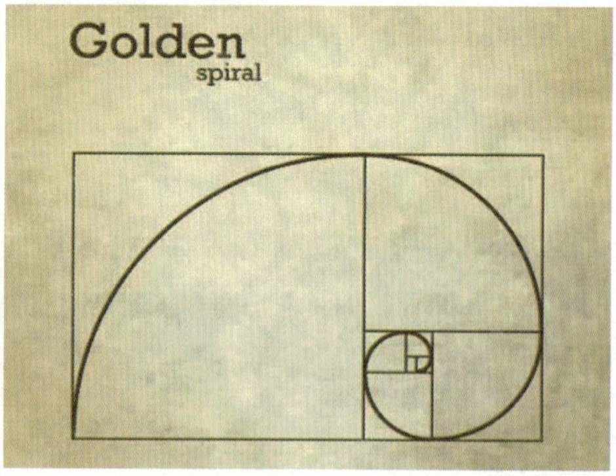

图2-24　黄金分割比

局部与整体的比例。除了整体比例外，设计建筑时还需要注意局部与整体之间的比例关系。例如，门窗的大小、形状和位置需要与建筑整体相协调；屋顶的高度和坡度也需要与建筑的整体比例相匹配。通过合理的局部比例设计，可以使建筑在细节上更加精致、完美。

（3）尺度与比例的应用

在建筑形态构成中，尺度与比例的美学法则需要进行合理的应用。设计师需要在设计中充分考虑人的视觉感受和心理需求，通过合理的尺度设计和比例安排来创造出既美观又实用的建筑作品。

适度原则。在运用尺度与比例的美学法则时，需要遵循适度原则，即不过分追求对比和冲突，也不过分强调和谐与统一，而是在两者之间找到一个平衡点。通过适度的对比和和谐来营造出既富有变化又和谐统一的视觉效果。

整体性原则。建筑形态构成是一个整体性的过程，需要综合考虑各种因素之间的相互作用和影响。在运用尺度与比例的美学法则时，需要注重整体性的把握和协调，确保建筑各部分之间的比例关系和尺度标准能够相互协调、相互呼应。

2.3.2　统一与变化

在建筑形态构成中，统一与变化是两大核心的美学法则，它们共同作用于建筑的整体与局部，创造出既和谐又富有层次感的视觉效果（如图2-25）。

（1）统一

统一是指建筑形态中各个部分在形式、风格、色彩等方面保持一定的共同性和协调性，从而使建筑整体呈现出一种和谐统一的视觉效果。

形式统一。建筑形态中的各个部分（如墙面、门窗、屋顶等）在形状、线条、质感等方面应相互呼应，形成统一的整体风格。例如，古典建筑常采用对称布局和相似的装饰元素来强调统一性（如图2-26）。

风格统一。建筑风格是建筑形态的灵魂，它决定了建筑的整体面貌和特色。在建筑设计中，应确保各部分风格一致，避免出现风格混杂、不协调的情况。

色彩统一。色彩是建筑形态中不可忽视的要素之一，通过合理运用色彩搭配，可以使建筑整体呈现出统一和谐的视觉效果。一般来说，建筑主体部分应采用主色调，而细节部分则可用辅助色或点缀色进行装饰。

（2）变化

变化是指建筑形态中各个部分在保持统一性的基础上，通过形状、大小、方向、材质等方面的差异来创造出丰富的视觉效果和层次感。

形状变化。建筑形态中的各个部分可以采用不同的形状来打破单调感，增加视觉趣味性。例如，墙面可以采用凹凸变化、门窗可以采用不同的形状和大小等。

大小变化。通过调整建筑各部分的大小比例，可以创造出强烈的视觉冲击力。例如，在高层建筑中，塔楼部分通常比裙楼部分更为突出和显眼（如图2-27）。

方向变化。建筑形态中的各个部分可以朝向不同的方向，以打破传统的水平或垂直布局方式，增加建筑的动感和活力。例如，斜向的墙面、屋顶等可以营造出独特的视觉效果（如图2-28）。

图2-25　统一与变化

图2-26　对称式徽派建筑

图2-27　广州丰盛101大厦

图2-28　倾斜的屋顶与墙壁

材质变化。不同材质的运用可以使建筑形态更加丰富多彩，通过搭配使用不同质感的材料（如石材、木材、玻璃等），可以使建筑在视觉上更具层次感和深度感。

（3）统一与变化的应用

在建筑形态构成中，统一与变化是相互依存、相辅相成的。没有统一，建筑就会显得杂乱无章；没有变化，建筑又会显得单调乏味。因此，在设计时需要巧妙地运用这两个法则来创造出既和谐又富有变化的建筑形态。

主次分明。在建筑形态中应明确主要部分和次要部分的关系，通过对比和强调来突出主要部分的重要性。同时，次要部分也应与主要部分保持一定的协调性，以确保整体的统一性。

过渡自然。在统一与变化之间需要有过渡和衔接的部分来使整体看起来更加自然流畅。例如，在墙面与屋顶之间可以设计过渡性的檐口或挑檐等构件来缓和两者之间的对比关系。

整体与局部的协调。在建筑设计中应注重整体与局部之间的协调关系，一方面要确保整体风格的统一性和协调性，另一方面也要注重局部细节的处理和变化，以丰富整体的视觉效果。

2.3.3　韵律与节奏

在建筑形态构成中，韵律与节奏是两大重要的美学法则，它们通过建筑元素的重复、交替、对比等手法，形成有规律的视觉感受，营造出动态感和律动感。

（1）韵律

韵律是指建筑形态中的各元素按照一定的规律或节奏进行排列组合，所产生的和谐、统一且具有节奏感的视觉效果。它类似于音乐中的旋律，通过各元素的起伏变化来激发人们的审美感受。

连续韵律。通过一种或几种元素的连续排列和重复出现，形成具有连贯性和节奏感的视觉效果。例如，帕特农神庙的石柱设计就采用了连续排列的方式，增强了整体的节奏感（如图2-29）。

图 2-29　帕特农神庙的石柱

渐变韵律。元素在某一方面（如大小、高低、色彩等）有规律地逐渐变化，形成渐变的韵律感。这种韵律在建筑中常表现为体量的逐渐收分、色调的渐变等。

起伏韵律。渐变韵律按照一定的规律进行起伏变化，形成如波浪般的韵律感。这种韵律在建筑中能够增加形体的动感和层次感。

交错韵律。两种或多种元素互相交织、穿插，形成丰富的韵律感。这种韵律在建筑中常表现为体量、空间的虚实对比和细部的疏密处理等。

（2）节奏

节奏是指建筑形态中的各元素按照一定的速度和强弱交替出现，所产生的动态感和律动感。它与韵律密切相关，但更侧重于元素之间的交替和变化。

强弱对比。通过元素的大小、高低、虚实等对比手法，形成视觉上的强弱对比，从而产生节奏感。

重复与变化。在重复的元素中加入变化元素，打破单调感，增加趣味性。这种重复与变化的结合是形成节奏的关键。

（3）韵律与节奏的应用

建筑单体。在建筑单体中，韵律与节奏可以通过墙面的开窗处理、装饰线条的排列、屋顶的起伏变化等方式来表现（如图2-30）。

建筑群体。在建筑群体中，韵律与节奏则可以通过建筑的布局、体量的组合、色彩的搭配等方式来体现。例如，上海金茂大厦在外形上就充分体现了渐变的韵律，其平面构图是双轴对称的正方形，内部构图是13个内分塔节，由上而下，四角内收，形成了独特的律动感（如图2-31）。

图2-30　建筑单体

图2-31　上海金茂大厦

图2-32 建筑立面

图2-33 建筑空间

建筑立面。在建筑立面上，节奏可以通过窗洞、阳台、装饰线条等的重复与变化来表现。例如，通过窗洞的大小、形状、排列方式等的变化来形成视觉上的韵律与节奏感（如图2-32）。

建筑空间。在建筑空间中，节奏可以通过空间的划分、家具的布置、光线的变化等方式来表现。例如，在公共空间中，通过不同功能的区域划分和流线设计来形成空间韵律与节奏的变化（如图2-33）。

课程思政小结

本章强调建筑形态的多样化表达形式，每一种建筑形态背后都蕴含着设计者对美的追求、对文化的理解，以及对社会问题的思考。因此，在学习建筑形态构成的过程中，学生应培养敏锐的洞察力，深刻理解建筑形态背后的深层含义，将个人情感、社会责任与文化传承融入设计之中，以更加全面、深入、负责任的态度对待建筑设计工作，将专业知识与人文关怀相结合，创作出既具有艺术美感又富有社会责任感的建筑作品，使建筑成为连接过去与未来、人与自然、个体与社会的桥梁。此外，学生在勇于创新的同时，还要尊重传统与规范。在建筑形态构成的探索过程中，既要敢于打破常规，追求独特的视觉冲击力，又要遵循建筑的基本法则与伦理要求，确保建筑设计的实用性与安全性。

这种平衡不仅是对建筑专业知识的考验，更是对设计者道德情操与职业素养的锤炼。

建筑作为城市的重要组成部分，其形态设计应充分考虑城市的整体规划、历史文化、自然环境、居民需求。在建筑设计中，设计者需要认识到建筑是文化的重要载体，传承建筑文化就是传承民族的记忆与精神。在全球化浪潮下，设计者要更加坚定文化自信，深入挖掘本土建筑的文化特色，将传统建筑元素与现代设计手法巧妙融合，防止华夏文明的文化瑰宝在城市化建设中消失，要让古老的建筑文化在新时代焕发出新的生机，并努力为弘扬中华优秀传统文化贡献自己的智慧与才华。

第3章 建筑空间建构

3.1 建筑空间的概念

公元前6世纪，老子在《道德经》中提到："埏埴以为器，当其无，有器之用。凿户牖以为室，当其无，有室之用。故有之以为利，无之以为用。"这句话形象地表达了人类对空间的理解。空间的概念具有相对性和绝对性，其大小和形状受到围护物及其功能形式的影响。同时，空间也反过来决定了围护物的形式。围护物的有形使得无形的空间变得可感知，而如果没有围护物，空间则仅存在于概念中，无法被直接感知。同时，无形的空间赋予了有形围护物实际的意义。如果缺乏空间的存在，则围护物也会失去存在的价值。我们对空间的感知依赖于对形态要素所界定的空间边界的理解，只有当空间被形态要素围合、塑造和组织时，建筑才得以形成。

3.1.1 空间的概念

在国际建筑师年会——利马会议上，《马丘比丘宪章》明确指出，现代建筑所面临的主要问题已不再是单纯的体积视觉表现，而是如何创造出适合人们生活的内部空间。这一观点强调了现代建筑设计的核心在于内部空间的处理。

建筑的内部空间被视为其灵魂，建筑的本质在于空间与结构的有机结合。尽管人们使用多种材料来建造建筑，但真正被使用和体验的却是其内部空间。因此，相较于建筑的外观，室内空间显得更加重要。随着社会的不断发展，人们对建筑本质的理解逐渐深入，室内空间的重要性也日益增强。

3.1.2　空间的特点

建筑空间与绘画、雕塑及装饰艺术等形式的空间感有着显著的区别。

在绘画中，空间感通过调节线性透视的强度和画面的深度来实现，旨在以三维的方式展现三维空间（如图3-1）。

而在雕塑中，空间的关注点则在于占据的空间，体现为量块感，以及空隙的形态（如图3-2）。

相较之下，建筑空间更加强调流动感，更加注重人与空间之间的互动，表现为空间的虚无感（如图3-3）。

图3-1　三维空间

图3-2　空间的量块感

图3-3　空间的虚无感

3.1.3　建筑体量与空间的关系

建筑体量与空间是建筑设计中不可或缺的特征，它们之间存在着紧密的共生关系，具有正负属性，类似于图形与背景的反转关系。建筑体量是指建筑物在空间中所占据的体积，包括长度、宽度和高度。它反映了内部空间构成的外在表现，体现了空间的构成结果。当形态要素以特定方式构建建筑空间时，同时也形成了外部的实体表现。内部空间的形态构成必然会影响建筑的外部体量形态。因此，空间构成与体量构成是建筑形态研究的核心要素。无论是亚眠主教堂的哥特式尖顶（如图3-4、图3-5）、圣索菲亚大教堂的穹顶（如图3-6、图3-7），还是罗马万神庙优雅的拱廊（如图3-8、图3-9），这些建筑的内部空间与外部形态之间都存在着相互对应的关系。

图3-4　亚眠主教堂

图3-5　亚眠主教堂内部

图3-6　圣索菲亚大教堂

图3-7　圣索菲亚大教堂内部

图3-8　罗马万神庙

图3-9　罗马万神庙内部

3.2　建筑空间的构成方式

建筑空间与体量之间存在着密切的相互关系。在探讨建筑空间的构成方式时，必须考虑建筑体量的构成方式。建筑空间的构成可分为3种类型，分别对应着不同的体量构成方式，即单一建筑空间构成、二元建筑空间构成和多元建筑空间构成，如表3-1所示。

表3-1　不同建筑空间与体量构成对应的构成方式

构成方式	建筑空间的构成	建筑体量的构成
单一建筑空间构成	空间形状	增加
	空间比例	消减
	空间尺度	分裂
二元建筑空间构成	连接	连接
	接触	接触
	包容	包容
	相交	相交
多元建筑空间构成	集中式	集中式
	串联式	串联式
	放射式	放射式
	组团式	组团式
	其他式	其他式

单一建筑空间构成。这种构成方式专注于一个基本形体，强调其独特性和功能性。设计师通过对形状、比例和材料的深入研究，创造出特定的空间体验。

二元建筑空间构成。在这种构成中，两个基本形体之间的关系成为设计的核心。设计师需要考虑这两个形体如何相互作用和补充，以形成一个和谐的空间环境，这种方式常用于创造对比和动态的空间效果。

多元建筑空间构成。这种构成涉及多个形体的组合，强调复杂性和多样性。设计师需关注形体之间的相互关系和空间的流动性，通过不同形体的组合来实现功能与美学的平衡。

上述构成方式不仅会影响建筑外观，还会直接影响使用者的空间体验和建筑的功能布局。因此，建筑师在设计过程中需要综合考虑这些因素，以达到理想的空间效果。

3.2.1　单一建筑空间构成

（1）空间形状

单一空间的感知首先依赖于其形状，不同的单一空间体量会带来不同的空间形状体验。空间形状可以被理解为由周围物体的边界所界定，这些边界包括点、线、面和体等构成要素。同时，空间形状还涉及形状、色彩、材质等视觉特征，以及位置、方向和重心等关系因素。空间形状在很大程度上直接影响空间造型的特征。

（2）空间比例

空间形状与空间比例和尺度之间存在紧密的联系，这直接影响着人们对空间的体验。比例是指空间各个要素之间的数学关系，体现了整体与局部之间的关联，不同的长、宽、高组合会产生不同的感受。一般而言，高耸的空间传达出向上的动势，给人以崇高和雄伟的印象（如图3-10）。而纵长且狭窄的空间则展现出向前的动势，带来深远和前进的感觉（如图3-11）。宽敞且低矮的空间则具有水平延伸的特征，使人感到开阔和通畅（如图3-12）。

图3-10　高耸的空间

图3-11　纵长且狭窄的空间

图 3-12　宽敞且低矮的空间

3.2.2　二元空间构成

（1）包容

包容指的是较大的空间包含较小的空间，二者之间形成一种视觉和空间上的连贯性。在这种关系中，小空间仿佛在大空间的怀抱中，与周围环境融为一体。

（2）相交

这种关系表现为两个空间部分重叠，形成一个共享的公共区域，同时保持各自的界限和完整性。相交的空间为使用者提供了互动的机会，增强了空间的功能性。

（3）连接

这种关系涉及两个分隔的空间通过一个过渡空间相互联系。过渡空间的特征对整体空间构成至关重要，其形式可以是与连接空间在形状和尺寸上完全一致，强调一致性，或在形状和尺寸上截然不同，突出过渡空间的重要性，抑或是过渡空间更大，从而主导周围的小空间。设计过渡空间时，需充分考虑其与相关空间的关系与特征。

(4) 接触

接触指的是两个空间虽然不相交，但它们的表面或边缘彼此接触，以此形成建筑空间（如图3-13)。这种接触带来的视觉和空间联系程度，取决于分隔元素的特性。当采用实墙等实体进行分隔时，各个空间的独立性增强，而分割面上开口的大小又会对空间感产生影响。在一个统一的空间内部，设置独立的分割面可以使两个空间虽有间隔，但仍保持相互关联。同时，如果使用线状柱子作为分隔元素，则能够增强空间的视觉连贯性和透视感。通过对地面高度、顶棚高度或墙面处理的精准设计，可以创造出既具有区别性，又能相互呼应的空间环境。

图3-13　不同的接触方式

3.2.3　多元建筑空间构成

(1) 集中式

集中式布局以一个核心空间为中心，该空间在设计中占据主导地位（如图3-14)。周围的次要空间可以在功能和尺寸上与核心空间保持一致，从而形成对称且和谐的结构。通过将两个主要空间重叠，可以创建出对称的集中区域。此外，一定数量的次要空间可以围绕着这个中心空间进行布置，主入口则可以根据环境的特点设置在任一次要空间中。一般来说，中央的主空间往往是规则形状，体量较大，能够有效控制和引导周边的次要空间。有时主空间的独特形状也会被设计得格外引人注目，以进一步强调其主导性，从而增强整体布局的统一性和功能性。

（2）放射式

放射式布局是由一个主中心空间和多个向外发散的分支空间组成（如图 3-15）。这个主中心空间通常采用规则的形态，而向外延伸的分支空间在长度和方向上会根据不同的功能需求或场地条件有所调整。主中心空间的方向和位置的变化能够带来多样的空间形态，体现出灵活而丰富的空间组织。

图 3-14　集中式建筑空间

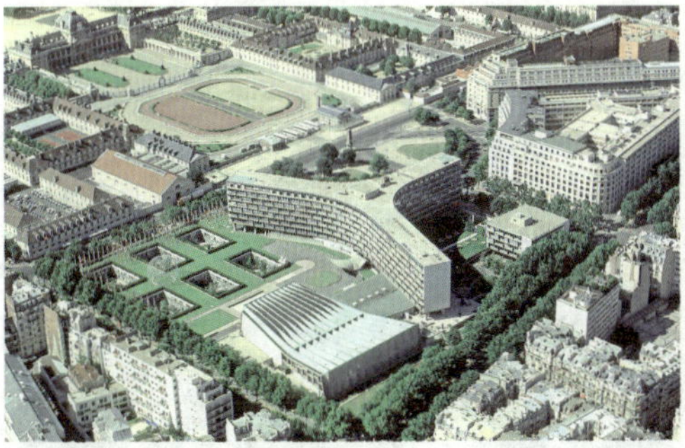

图 3-15　放射式建筑空间

（3）串联式

串联式布局由多个单独的空间按照特定方向相互连接而实现，这种设计展现出明显的导向性，且具备扩展和延续的潜力。其灵活性使得空间能够适应不同的变化，有利于未来的发展和演变（如图3-16）。根据构成方式的不同，串联式布局可以被划分为多种不同的形式。

（4）组团式

组团式布局将那些在功能上相似的空间单元，通过形状、大小或相互关系的共同视觉特征，构建出一个相对集中且协调的建筑空间（如图3-17）。同时，也可以通过紧密连接形状和功能各不相同的空间，运用一些视觉手段（如轴线设计）来实现组团效果。这种布局方式的优点在于其连接的紧凑性、灵活性，以及易于增减组成单元的特性，从而能够在不影响整体结构的情况下进行调整和变化。

图3-16　串联式建筑空间

图3-17　组团式建筑空间

3.3　建筑外部环境

每一座建筑都处于特定的环境之中。在人类的建筑活动中，环境因素必然会对设计和建造产生影响。同时，新建筑也会对其周围环境造成一定的影响。建筑的主要目的是为人们创造多样的空间形式和生活环境。因此，建筑、人与环境应被视为一个不可分割的整体。如果忽视了人对环境的需求和改造，建筑就失去了其存在的价值。

3.3.1　建筑外部环境组成

在建筑的外部环境中，所有能够被人们感知到的元素都被视为环境要素。这些要素通过作用于人们的感官，使人们能够识别、理解并把握环境的深层含义，从而揭示环境的特征与规律。关于建筑内部空间的实体要素，大致可以归纳为3类，即顶面、墙面和基面。而针对建筑外部空间的环境要素，同样也可分为3类，即基面、围护面和设施小品。

基面要素根据其表面的特性，可以分为硬质基面（如石材、混凝土等）和柔性基面（如草地、土壤等）。围护面要素则用于围合与分隔空间，通常包括建筑物、围墙、廊架、雕塑、绿篱和水幕等，这些都是围护要素的重要组成部分。在进行外部环境设计时，除了上述建筑要素，还需要考虑到自然形态的元素，如绿化、各类水体和景观设计等。

整体来看，上述环境要素彼此间相互联系，构成了一个协调且富有层次感的外部空间，为人们提供了舒适、愉悦的体验。

3.3.1.1　建筑

建筑外部环境的研究着眼于建筑及其周边、相邻建筑之间，以及空间中各种物体共同构成的整体环境。建筑的形态、尺度和组合方式直接影响着外部环境的质量和空间特征，同时也为其他环境要素的设计提供重要依据。

(1) 建筑与外部空间的关系

建筑外部空间的形态极为复杂，具体情况各异。总体而言，可以将其分为由多个建筑围合而成的内庭空间、在单栋建筑周围形成的开放空间、建筑呈线性排列形成的走廊空间、建筑围合形成的封闭区域、远离建筑且经过艺术化处理的人工空间。

（2）建筑在外部环境中的作用

建筑通过多种方式构建并界定外部空间，其重要性体现在多个方面，主要包括围合空间、划分区域、提供背景、主导景观、组织空间元素、呈现视框、强化空间特征等。

（3）建筑小品的功能

在外部环境中，一些功能单一、尺度较小的建筑物或构筑物，如凉亭、连廊或花架等，虽然不足以全面控制环境，但在局部空间中却是不可或缺的焦点。这些建筑小品在功能上类似于雕塑，能够有效地增加空间的趣味性和层次感，尤其是连廊和花架，它们在空间划分、围合、引导人流和形成视觉焦点等方面发挥着重要作用（如图3-18）。

图3-18 连廊和花架

建筑的形式和组合方式在影响外部环境的性质、空间形态及其功能使用等方面具有决定性意义。同时，建筑外部环境也深刻影响着每一个单体建筑的设计方向，这是每位设计师在设计时必须认真考虑的关键因素。

3.3.1.2　**场地**

场地是供人们聚集和停留的室外活动空间，其概念非常广泛，既可以指整个基地所包含的所有要素，也可以专指外部环境中的硬质铺装地面。

(1) 场地的分类

根据规模和在城市中的作用，场地可以分为3类。

城市广场，通常位于重要的城市节点，是公众活动和聚集的中心（如图3-19）。广场周边一般建有重要的公共建筑，承担着城市社交和文化交流的重要功能。

图3-19　**城市广场**

街头小广场，规模较小，通常是建筑外退形成的前庭，或者是城市道路与建筑之间设置的缓冲空间。这类小广场是人流汇集、行人休憩和周围居民进行户外活动的重要场所（如图3-20）。

建筑周边场地，指围绕单体建筑的空间或庭院，通常具有独立性，并通过围墙、绿篱等方式与外部环境相隔离（如图3-21）。

图3-20　街头小广场

图3-21　建筑周边场地

（2）场地的形态

场地的形态可分为规则与不规则两种类型。规则形态多用于大型广场，表现出秩序井然和庄重的气质。在设计此类场地时，应注重空间的层次感和形态的协调，以避免出现空旷、单调和冷漠的感觉。相较之下，不规则形态则更为复杂。例如，广场两侧建筑的不平行可能造成视觉错觉，使得远景和近景的关系产生变化。不规则场地能够带来活力与丰富的感受，设计时需因地制宜，避免出现琐碎、凌乱与无序的状况。

综上所述，场地的设计不仅关乎功能和视觉美感，更需要关注与周围环境的互动和和谐。

3.3.1.3　道路

道路在城市中发挥着至关重要的作用，连接着不同的空间，方便人们的移动。在现代城市环境中，主干道、支路及内部道路共同构成了一个复杂的交通网络，为空间过渡提供了支持。步行道路系统尤为重要，其设计应考虑以下几个方面。

(1) 道路的容量

道路的宽度与其容量直接相关，主要取决于所能承载的人流量。宽敞的道路能够容纳更多行人，确保人流的顺畅流动，从而提升整体通行效率。

(2) 道路的形态

直线型道路被认为是最理想的设计形式，因为它能够使行人快速便捷地到达目的地。与直线型道路相对应的曲线型道路则更能营造出与自然环境和谐的步行体验，增强行走的舒适度。在实际设计中，直线型道路与曲线型道路常常结合使用，以适应不同的需求和功能，从而提供多样化的步行体验。

总而言之，步行道路系统的设计应综合考虑道路容量与形态，以及与周围环境的协调性，以提升城市空间的使用效率和行人的舒适感。

3.3.1.4 水体

水面波光闪烁，常能引发无尽的遐想，水这一自然元素对人类具有不可抗拒的吸引力。在景观设计中，充分利用自然水体的美景，能够极大提升外部环境的质量。人工水景，无论是在形态、声音还是动感上，都能有效地增强整体效果。例如，喷泉和溪流等设计不仅能够模仿自然水流的魅力，还能够创造出富有层次感的视觉效果和宜人的微气候（如图3-22）。通过巧妙的设计，水不仅可以美化空间，还能够使环境更为开阔与动感，为人们创造更佳的使用体验。

图3-22 水体景观

3.3.1.5 绿化

绿化是城市环境中至关重要的组成部分，其独特的效果不仅提升了城市的魅力，还彰显了其个性。城市中的绿化大多为人工设置，既有自然状态的植物，也有经过精心整理的绿地。所有这些植物在环境中发挥着积极作用，为人们的生活空间增添了活力和美感。

（1）绿化的分类

城市绿化可分为3类，即树木、花卉和草地。

（2）绿化的作用

改善环境质量。绿化能够有效地挡风、遮阳和降噪，降低城市热岛效应，并提供清新的空气，从而调节小气候。

塑造环境氛围。合理设置的植物能够营造出和谐的氛围，让环境更加宜人。

组织环境空间。通过密植的树木形成边界，可以划分不同需求的空间，增强空间层次感，并创造出先抑后扬的视觉效果。此外，还可以利用树木的种植方向来引导视线，同时通过景框和夹景来突出空间的特征。孤植树木或绿化雕塑则可作为视觉焦点，成为环境的核心元素。

柔化建筑界面。绿化和建筑的巧妙结合能够有效地柔化建筑界面。一方面，植物的存在能够弱化建筑的僵硬直线。另一方面，植物在形态、色彩和纹理上的变化与建筑形成鲜明对比，使二者相辅相成，构成和谐统一的有机整体。

3.3.1.6 小品设施

小品设施是建筑外部环境中重要的组成部分，具有小巧、贴近生活的特点，反映了环境的适用性、观赏性和审美价值。这些小品设施通常位于小空间的中心，起到点题和美化的作用。常见的小品设施包括景观座椅、花坛、雕塑和喷泉等，设计上既要符合周围环境的风格，又要满足人们的功能需求，从而增强空间的互动性与受欢迎程度。通过精心的规划与布局，小品设施不仅能提升环境的视觉效果，还能丰富城市空间，提高居住的舒适度和生活质量。

3.3.2 建筑外部环境设计

建筑外部环境是人类根据自身需求对自然空间进行创造与改造的结果，旨在处理对原有环境的不满。在设计过程中，需充分考虑人的行为习惯、性格特征和兴趣喜好，这些要素会影响人们对空间的选择。因此，建筑外部环境的设计和评价应以人为本，立足于实际需求，同时也需要认识到环境是主观与客观因素相互作用的综合结果，以下是主客观综合要素的几个主要方面。

3.3.2.1 整体

建筑外部环境设计应以整体性为核心，这里所说的整体涵盖3个重要方面。首先，设计需充分考虑基地内既有的自然要素，以便实现自然环境与人工环境的协调发展。其次，应重视与周边建筑外部环境之间的协调关系。最后，还需确保与城市空间环境的整体匹配。

在开展建筑外部环境设计之前，深入了解和考察基地是至关重要的，主要包括对基地的位置、地形、地貌、植被等自然条件的全面分析，以及对周边已有建筑、道路和设施等情况的掌握。上述要素构成了设计的重要基础，尤其是地形、水体和植被对设计的影响较大。

此外，对基地周边环境、已有建筑、道路及各类设施的考察，可以使新设计与原有环境特征和人文景观实现良好的融合。从城市的整体角度来看，每个新建建筑的外部环境都为城市环境带来了新鲜的表达。因此，新建筑设计应与城市整体风貌保持一致，具备前瞻性，努力成为城市外部环境中的一大亮点。

3.3.2.2 功能

建筑外部环境作为一种人工环境，承担着特定的功能需求，具有明确的目的，因此设计时需综合考虑其物质功能与精神功能。首先需要明确所需的具体功能模块。其次需要为这些功能确定合适的外部空间，以确保其合理配置。这些需要涉及功能区的规模、形态与位置，以及它们之间的组织方式。

通过有效地规划上述元素，建筑外部环境不仅能够满足使用需求，还能提升用户的整体体验与环境的美感。因此，在设计过程中，合理布局和协调各个功能区是建造高效且具有吸引力的建筑外部环境的关键。

3.3.2.3 空间

建筑外部环境空间的构成受到多种要素的综合影响，包括建筑物本身、场地、绿地和水体等，这些要素相互依存、和谐共存，共同构成一个完整的有机体。每个要素的形态不仅反映了它们之间的关系，还承载着深刻的内涵。人们通过对这些具体要素的直接感知来理解周围环境，同时通过在这些空间中开展各类活动来体验和评估其价值。这种互动不仅增强了人们对空间的认同感，还促使他们主动参与，深入感受建筑外部环境所带来的独特氛围与魅力。

3.3.2.4 景观

景观是空间中的视觉焦点，具备独有的特征和表现力，可以帮助人们更好地理解空间形态。建筑、树木、雕塑、水景等环境要素都可以成为景观的一部分。

(1) 景观与空间的关系

作为视觉中心，景观的位置对空间感有重要影响。位于空间中心的景观能够产生向心感，从而扩大其影响范围，而位于空间一端的景观则可以赋予空间明确的方向感。

(2) 视觉与景观的关系

观察者与景观之间的距离会影响观察效果，这与景观的规模和人的视觉特性密切相关。想要清晰地观察景观，就需要足够的视距、开阔的视野，以及景观与背景环境的明显对比。

(3) 景观序列

景观序列会随着空间的展开而发展，并在空间序列的高潮时展现主要景致。由于人在空间中不断移动，环境要素也随之变化，设计师需巧妙地处理近景、中景、远景的关系，以及主景与其他景观的协调，使整个景观序列在秩序中展现丰富的变化。

上述要点强调了景观设计中视觉、空间布局和序列规划的重要性，可以提升整体空间的感知和体验。

3.4 建筑空间与建筑功能

建筑空间是建筑功能的集中体现。建筑的功能需求，以及人们在其中的活动方式，决定了建筑空间的大小、形状、数量和组织形式。合理的空间设计能够有效地满足使用者的需求，从而提升建筑的实用性和舒适度。

3.4.1　空间的大小与形态

在建筑中，由墙壁、地面和顶棚构成的单个空间是最基本的使用单元。空间的大小和形态是满足使用需求的关键要素。如果将建筑比作一个容器，那么它所容纳的便是空间及其对人类活动的支持。因此，合理地根据功能需求来确定空间的大小和形态，是建筑设计的核心任务之一。

由于平面形状决定了空间的长和宽两个维度，因此在建筑设计中，空间形式的确定通常从平面设计开始。

在平面设计阶段，首先需要考虑人们在该空间中的活动尺寸及家具的布局。矩形（包括正方形）平面是最常见的设计形式，其长和宽的乘积决定了平面面积，并直接影响空间的容积，因此长和宽的比例与空间的使用功能密切相关。矩形平面的优势在于结构简单，便于家具和设备的布置，同时具有较高的面积利用率（如图3-23）。其他形状，如圆形、半圆形、三角形、六角形和梯形，以及一些不规则的形状，通常用于特定的设计需求（如图3-24、图3-25）。例如，圆形平面和椭圆形平面适合用于过厅和餐厅，而大型圆形平面则常见于体育场馆或演出空间。三角形、梯形和六角形的使用往往与建筑的整体布局和结构柱网形式密切相关。

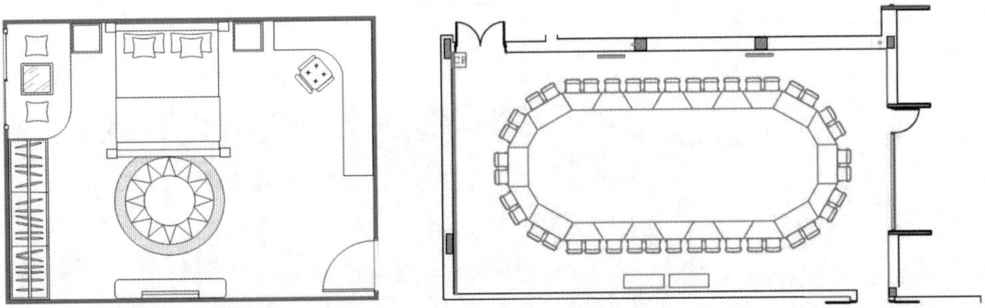

图3-23　**矩形平面设计**

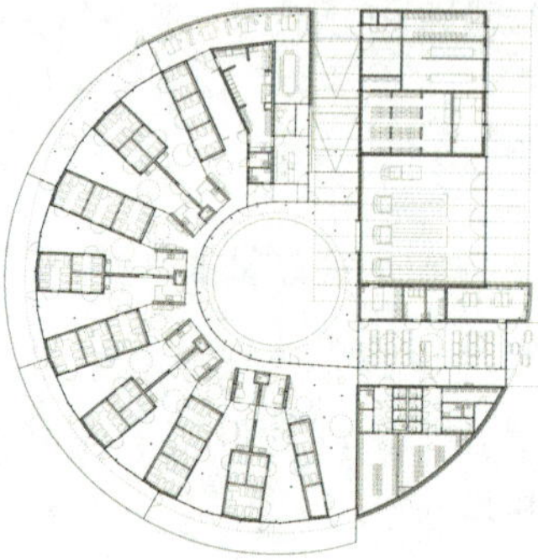

图 3-24 半圆形平面设计

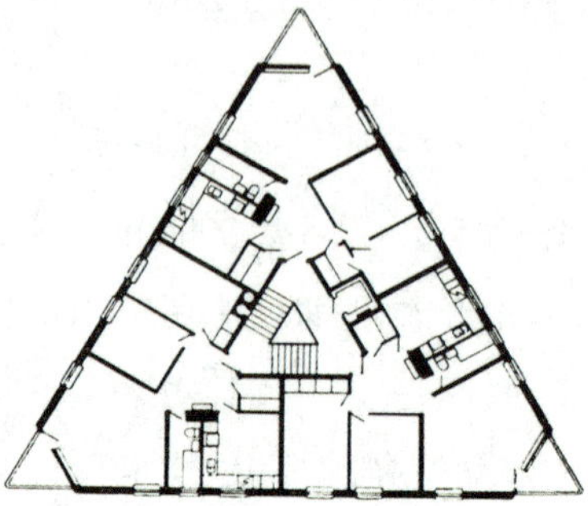

图 3-25 三角形平面设计

在建筑设计中，空间剖面通常以矩形为主，其高度直接影响了楼层的高度。在多层或高层建筑的设计中，层高被视为关键的技术经济指标，直接关系到建筑的功能性和舒适度。在公共建筑的设计中，重要空间，如大厅、中庭、观众厅和购物中心等，其剖面形状的确定至关重要（如图 3-26）。这些空间不仅需要满足特定的功能需求，还需要体现设计师对空间艺术的构思。剖面形状的选择既与空间的使用功能密切相关，也可能旨在营造特定的视觉效果和氛围。

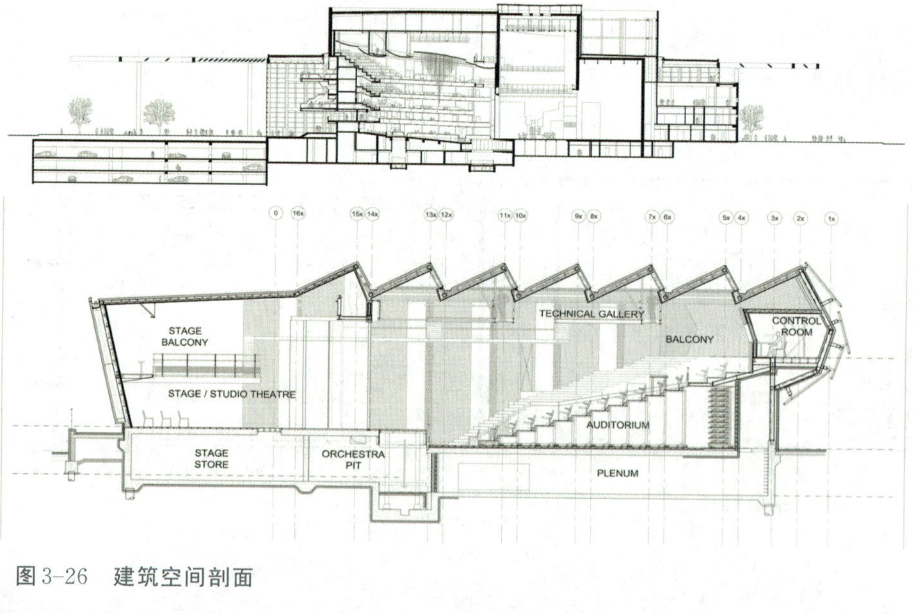

图 3-26 建筑空间剖面

此外，设计时不能孤立地考虑单一空间的大小和形态，因为它们受到建筑朝向、采光、通风、结构形式及整体布局等多种因素的影响。当多个空间位于同一建筑中时，如何合理地组织这些空间也是建筑设计中必须面对的重要挑战。因此，设计师需综合考虑各方面因素，以确保建筑既能满足使用需求，又能展现独特的艺术魅力。

3.4.2　空间组织

如何将各种单一空间合理组织成一个完整的建筑，这是建筑设计中的核心问题。决定组织方式的重要依据在于人们在建筑中的活动需求，根据这些活动需求，可以对不同空间属性进行以下划分。

3.4.2.1　流通空间与滞留空间

例如，在教学楼设计中，走廊作为流通空间，旨在保持通畅和便捷，而教室则是滞留空间，强调安静和稳定，其布局需更加合理，以便进行正常的教学活动，包括桌椅、讲台和黑板的安排。

3.4.2.2　公共空间与私密空间

以旅馆为例，餐厅和中庭属于公共空间，而客房则是私密空间。此外，商店、餐饮、娱乐及健身区域的走廊等可分为半公共或半私密空间。这些空间的划分需更加合理，私密区域应避免人流穿行，而公共空间则需良好的流线组织及适当的活动分区。

3.4.2.3　主导空间与从属空间

在剧场中，观众厅为主导空间，而休息厅和门厅则为从属空间。观众厅是观众的主要活动场所，其形状、大小和位置对整体设计起着决定性作用。从属空间的位置则视其与主导空间的关系而定，休息厅和门厅应与观众厅保持紧密联系，而卫生间和管理用房等则应相对隐蔽。

在空间的组织形式上，可以大致划分为以下几种关系。

(1)　并列关系

各空间的功能相同或相似且彼此没有直接的依存关系时，常采用并列式组织（如图3-27）。例如，宿舍楼、教学楼和办公楼，通常以走廊作为交通联系，各宿舍、教室或办公室沿走廊两侧或一侧分布。

（2）序列关系

在空间使用过程中，具有明确先后顺序的场所通常采用序列式组织，以合理安排人流并进行有序活动（如图3-28）。这种设计方式在候车大厅、候机楼，以及大型纪念性和展示性建筑中尤为常见。

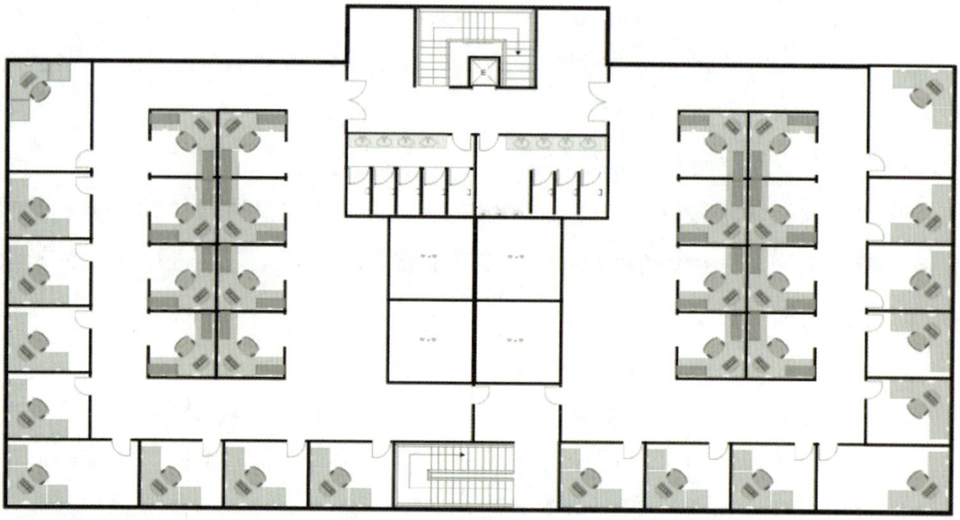

图3-27　并列式组织

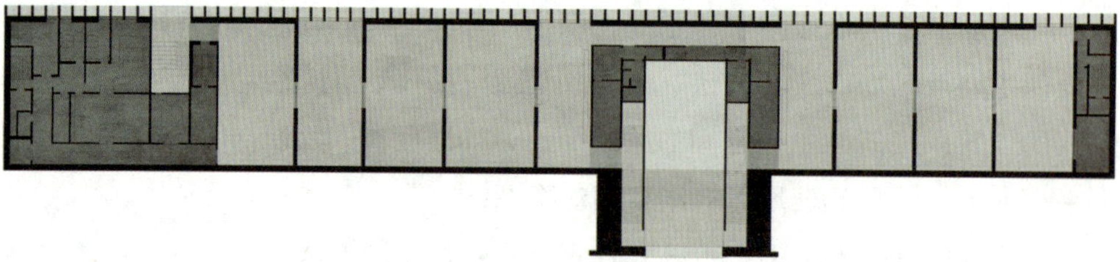

图3-28　序列式组织

（3）主从关系

在功能上，空间之间既相互依存又具有明显的隶属关系，此时通常采用主从式组织。各个从属空间往往围绕主空间进行布置，例如，图书馆的大堂与不同类型的阅览室和书库之间的关系，以及住宅中起居室与各卧室、餐室和厨房之间的联系等（如图3-29）。

图3-29　主从式组织

课程思政小结

在当今城市化快速发展、气候不断变化的背景下，将生态文明理念融入建筑空间设计不仅是一种趋势，更是一种必然。通过巧妙的空间构建，设计者可以潜移默化地传播生态文明理念，培养人们的环保意识，从而推动社会向可持续发展方向迈进。

在理论层面，本章以马克思主义关于人与自然辩证统一的基本原理为框架，结合中国特色社会主义生态文明建设要求，引导学生解构3个维度的关系，即建筑技术与生态伦理的共生性、空间形态与社会发展的互动性、设计实践与国家战略的协同性。最终通过价值观重塑，使学生在专业创作中自觉践行绿水青山就是金山银山的发展理念，为美丽中国建设提供建筑学解决方案。

第4章　建筑设计思维方法

4.1　建筑设计思维概念

4.1.1　何谓设计思维

在建筑设计领域，设计思维是一个核心概念。它涉及设计师在创作过程中所采用的各种思维方法，主要包括逻辑思维和形象思维两大类。设计思维不仅仅是一种工具，更是设计师在面对设计挑战时所依赖的策略和方法。

（1）逻辑思维

逻辑思维是运用概念、分析、概括、比较、推理、判断等心理活动对客观事物进行间接的和概括的反映，属于理性认识过程，表现出抽象性和逻辑性两大基本特征。

确定设计项目的目标。每个设计项目都有其独特的目标，这些目标会根据项目的性质和环境的不同而有所变化。

认识外部环境对设计的规定性。设计不仅受到文化、价值观、审美标准和人口构成等软环境的影响，还会受到自然条件、城市结构和基地状况等硬环境的制约。

分析设计对象的内在要求与关系。设计师需要深入了解项目的功能需求，探索功能布局的内在逻辑。

表达意志与观念。确定立意与构思，寻找设计的主要思路与手段。这是意志与观念的突出反映，并贯穿于整个设计过程。

选择技术手段。建筑设计需要依托技术手段来实现，设计师必须确保技术与设计理念的紧密结合。

鉴定与反馈。整个建筑设计过程伴随着不断进行信息反馈，以及鉴定、修正、完善各个阶段的设计成果。即使设计目标已经实现，仍然需要通过鉴定与反馈为将来新的设计创作提供经验与教训。

（2）形象思维

形象思维是建筑设计中特有的思维方式，它依赖于具体形象来进行思维活动，主要包括具象思维和抽象思维。由于建筑产品具有三维空间的特性，设计师需要通过二维的平面图、立面图和剖面图来表达三维的空间形态。

具象思维。具象是使喻示的概念直观化，即从概念到形象的直接转化。这种思维方式通过直观的形象来表达概念，能够激发人们的联想，与设计师的意图产生共鸣。例如，沙里宁设计的纽约肯尼迪机场TWA候机楼像苍鹰展翅欲飞（如图4-1），这种形象与建筑物功能内容的吻合，很容易引起人们对航空的联想。

图4-1　纽约肯尼迪机场TWA候机楼

图4-2 朗香教堂

抽象思维。抽象是隐喻非自身属性的抽象概念，它表现的是人们的感知与思维转化而成的一种精神上的含义，建筑艺术所反映出来的恰恰就是这种抽象的精神概念。勒·柯布西耶设计的朗香教堂是抽象思维的代表作（如图4-2）。该建筑物的厚墙、屋顶都呈扭曲状，无规则的大大小小漏斗状窗口透进的阳光造成光怪陆离的效果，犹如灵魂在闪现。教徒们走进幽暗的教堂内，一种神秘莫测的、对上帝崇拜的气氛油然而生。

4.1.2 如何提升设计思维

想要成为一名杰出的建筑师，既需要天赋，也离不开后天的努力。对于初学者来说，如果能够拥有一定的建筑学基础，将有助于他们在学习的过程中更快地成长。反之，如果缺乏这些基础，就必须通过勤奋的学习来弥补，否则学习的过程可能会变得漫长且充满挑战。为了提升设计思维，可以采取以下几个策略。

(1) 培养广泛的兴趣爱好

兴趣是最好的老师，要想在某个专业领域取得成就，首先要对其产生热爱和兴趣。只有这样才能全身心地投入学习，并通过不断的努力逐渐接近、理解和掌握这项专业技能。正如陈景润将解决数学问题视为一种乐趣，他对数学的热爱使他成为中国著名的数学家。又如许多年轻人对流行音乐和音乐偶像的狂热喜爱，使他们对流行音乐有了更深入的了解。假如你以一种好奇的心态揭开建筑设计的神秘面纱，你就会发现建筑设计创作不像解数学题那样理性、拘谨，它会让你放松畅想，尽情构思。建筑设计成果是那样的美丽、艺术，更是一种美的共享。同时，你还会发现建筑设计并不像唱歌那样豪情，也不像跳舞那样浪漫。它会受到技术和科学的制约，有一种理性的秩序和方法的逻辑。

想要对建筑设计产生兴趣，就要从培养与建筑设计相关的各种兴趣开始，如文学、音乐、美术、摄影、舞蹈、服装设计等。这些领域与建筑设计在艺术创作方面是相通的，都体现了共同的内涵和外在美。同时，还需要培养好奇心和探索精神，这是建筑设计创作中从想象到现实的关键。此外，还要培养对技术和科学的尊重，这是确保建筑设计可行性的基础。

（2）保持思维的活跃

建筑设计的特点之一是始终贯穿着思维活动，这种思维活动结合了理工科学习的逻辑思维和艺术类专业的形象思维。由于建筑设计的结果不是唯一的，这就为思维活动提供了广阔的想象空间，也为探索优质设计方案提供了无限的可能性。虽然建筑设计中的手法和技巧的运用很重要，但它们只是表达设计意图的手段，而不是设计成果是否成功的关键。创意才是建筑设计脱颖而出的基础，而创意源于活跃的思维。

建筑设计过程中充满了矛盾和挑战，克服这些矛盾和挑战需要思维的力量和方法的指导。然而，在解决建筑设计问题的过程中并没有现成的方案，只能在探索中前进。因此，学习建筑设计时更重要的是激发思维的活跃性。只有思维足够活跃，才能产生新的想法，才能增强面对矛盾和挑战时的思辨能力，从而在众多试探性方案中辨别出优劣。

（3）强化空间概念

建筑设计始终以空间的创造为核心，虽然空间这一概念既抽象又难以把握，但设计师必须从无到有地塑造它，并且不断追求完美，这无疑是一项巨大的挑战。因此，设计师需要具备深刻的空间理解能力。这不仅仅是像理解平面广告或艺术作品那样简单，而是要能够将多个二维图纸（如平面图、立面图和剖面图等）在心中组合成一个完整的三维空间，并对其进行评估。

当设计师面对一张精美的建筑照片或一座实际建筑时，他们是否能够想象出其基本的平面和剖面布局，或者在观察建筑的某个细节时，是否能够理解其线条是如何变化、交错和连接的，这些都需要设计师具备对空间的深刻理解。设计师不仅需要理解空间，还需要具备将空间从二维转化为三维，或从三维转化为二维的能力。这种能力使得设计师能够在图纸上表达出他们心中的空间构想，或者从各种平面图中感受到空间的魅力和深奥之处。

此外，尽管设计师的工作是从空白开始，但他们必须对最终的设计目标有一个大致的预想，只有这样建筑设计才会有明确的方向。因此，设计师还需要拥有丰富的空间想象力。如果设计师能够在造型和构思上展现出非凡的创造力，那么他们的设计作品就能脱颖而出。反之，如果他们的想象力平庸，那么设计出的作品可能就会显得平凡无奇。因此，设计师的空间想象力的丰富程度直接决定了他们在建筑设计创作中的潜力发挥。建筑设计的空间创造不是一蹴而就的，其过程充满了对空间的推敲、修改、完善等艰辛的创作工作，此时设计者对空间的处理能力就显得十分重要。这种处理空间的能力是设计者在个人专业修养、审美情趣、业务素质、实践经验、动手能力等诸多方面综合因素积淀的反映。

（4）提升艺术素养

建筑设计的任务之一就是要创造建筑物美的形象、美的空间、美的艺术，这就要求设计者必须具备美的素养和美的眼光。因此，设计者要不断提升自己对美的追求和对美的鉴赏。要善于发现美，着力表现美，只有这样才能在自己的建筑设计创作中以美的原则推敲空间形态，表达设计理念。

然而，艺术素养的提升是一种潜移默化、长期熏陶的过程，是设计者个人魅力、气质、修养的升华过程。一方面，设计者要用眼捕捉美，用手表现美。另一方面，设计者要从言行举止上修炼自己的心灵美和行为美。

（5）拓宽知识领域

由于建筑设计涉及的知识领域非常广泛，因此设计师需要不断更新知识，以应对设计过程中面临的各种复杂问题。对于系统学习建筑设计的人来说，所有专业基础课、专业课，以及通识课和人文课都是必须掌握的。此外，设计师还需要大量学习其他学科的知识。例如，设计师若掌握了更多的文学知识，就可以提高写作能力，这将在建筑设计中的文字表达方面发挥重要作用；设计者若掌握了更多的摄影知识、用光原理和构图取景技巧，就可以提升审美能力，这无疑将对表现建筑的美起到促进作用。

设计师拓宽知识领域要注意方式方法。首先，设计师需要具备敏锐的洞察力，能够随时捕捉并记录下学习过程中的收获，通过持续的积累，最终达到融会贯通的境界。其次，设计师应该热爱并积极参与社会生活，通过亲身体验来获得直观的感受和知识。总之，设计师只有不断拓宽知识领域，才能在建筑设计领域站稳脚跟。

（6）培养综合能力

建筑设计是全面展示设计者能力的舞台，但是单凭个人的勤奋和钻研是远远不够的，还需要在以下几个方面打下能力培养的基础。

表达能力。这是设计师的基本技能，包括动手能力和语言能力。设计师需要能够将思维成果转化为图形，并通过语言清晰地表达设计意图。

交往能力。设计师在建筑设计过程中需要与他人进行互动交流，以完善设计方案，这就需要设计师具备良好的沟通技巧。

合作能力。建筑设计通常需要团队合作，设计师需要能够与团队成员进行合作，共同解决问题。

组织能力。作为项目负责人，设计师需要具备组织和领导能力，以确保设计工作的顺利进行。

4.2 系统思维方法

系统，即由相互作用和相互依存的若干组成部分结合而成的具有特殊功能的有机整体。我们强调构建系统理念的重要性，原因在于建筑设计实质上是一个复杂的系统工程，它囊括了环境、功能、形态、技术等多个子系统，而这些子系统进一步由更细小的分系统构成。例如，环境子系统可以进一步划分为硬环境和软环境两大分系统。硬环境分系统又可以细分为场地外的硬环境和场地内的硬环境。其中，场地外的硬环境包括城市道路、建筑物、城市景观等元素，场地内的硬环境则涵盖了地形、地貌、历史遗迹等。这些子系统和分系统并非独立存在，而是相互联系并互相影响。因此，设计师在考虑任何一个子系统或更小的分系统时，都必须同时考虑其他子系统或分系统的影响。这意味着我们不能单独处理某个设计问题而忽视其他的相关问题。换言之，设计师在进行建筑设计时，必须采用系统化的思维方法，从整体出发，全面考虑建筑与环境、功能与形态、功能与技术、形态与技术，以及细节与整体之间的关系，只有这样才能应对建筑设计的复杂性、多样性和层次性。

系统思维方法可以总结为两种基本方法，即系统分析方法与系统综合方法。

4.2.1　系统分析方法

系统分析是指在进行建筑设计的思考过程中，把建筑设计项目的整体分解为若干部分，即子系统，并根据各个部分的设计要求，分别进行有目的、有步骤的设计探索与分析过程。在这一过程中，每一部分的思考都是从设计项目的整体出发，并考虑各部分之间，以及这些部分与整体之间的各种关系，从而设计出若干与设计目标接近的方案。

系统分析方法贯穿于建筑设计的各个阶段，就建筑设计初始分析设计任务书而言，无论是对外部环境条件的分析，还是对内部功能要求的分析，都少不了系统分析方法。下面我们以中小学建筑设计的功能分析为例。

构成中小学建筑的所有功能房间本是一个完整的系统，在设计任务书中已罗列清楚。但我们不可能丢掉中小学建筑整体这个系统而去一个一个的房间进行设计，这势必导致建筑设计的进程步步被动而顾此失彼，甚至发展到不可收拾的地步。因此我们只能运用系统分析方法，逐步认识清楚构成中小学建筑所有房间的功能系统及其相互间的关系。

首先，我们要考虑中小学建筑所有房间作为一个整体系统能分成哪几个子系统。按照功能同类项合并的原则，我们可以把若干房间分为5个子系统，即生活服务区、行政办公区、运动区、教学区、校园核心区。这5个子系统包含着不同的功能内容和设计要求，并相互联系。然后，我们再做更细致的系统分析。生活服务区包含了卫生室、浴室、教师宿舍、学生宿舍等；行政办公区包含了广播室、传达室、行政办公室等；运动区包含了运动设施及体育建筑设施等；教学区包含了音乐教室、美术教室、语言教室等；校园核心区包括了公共教学用房、门厅、校园广场等。

如果能将中小学建筑的功能系统梳理清楚，那么我们就能够在研究任何一个房间时搞清楚它从属于哪一个子系统，乃至分系统，以及它与左邻右舍的位置关系是否恰当，是不是被包含在它所从属的更大系统中（如图4-3）。用专业术语来说，就是功能分区是否合理。系统分析的过程应一边思考，一边把分析的结果图示出来，并通过与视觉的交流，不断调整它们之间的关系，最终达到平面配置的最优组合。

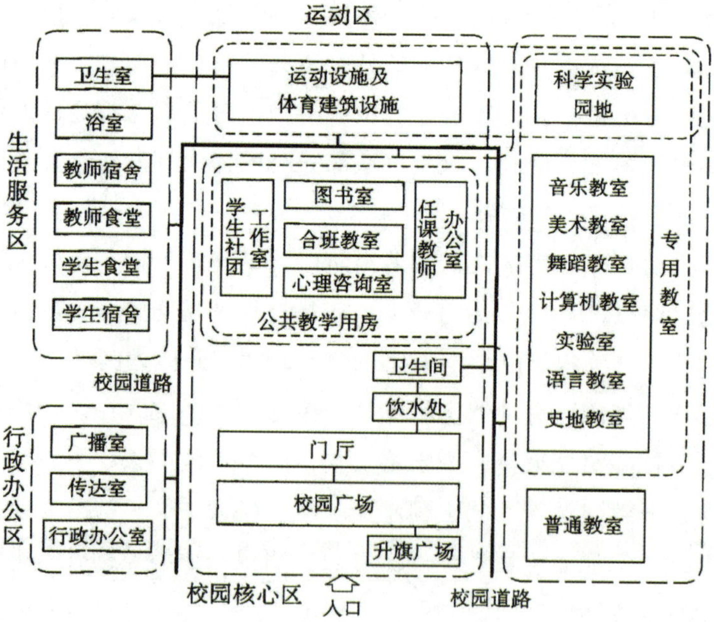

图4-3　中小学功能分区图

系统分析方法在建筑设计的各个阶段都发挥着关键作用。这一过程虽然主要涉及信息处理而非设计本身，但它却是建筑设计的基石，也是设计工作得以持续推进的核心。系统分析的准确性直接关系到设计的方向和最终成果的品质。

总的来说，系统分析的目标是为系统综合提供准确和可靠的信息。通过识别设计过程中的不确定因素，并为这些问题制定合理的目标和可行的解决方案，从而辅助设计者在面对建筑设计的复杂问题时做出最优决策。在进行具体的系统分析时，我们要注意以下4个方面。

（1）分析要全面

在处理建筑设计项目时，建筑设计项目被视为一个由多个子系统构成的复杂系统，每个子系统又包含更小的分系统，这些子系统和分系统是构成整个大系统的关键要素。在进行系统分析时，必须全面考虑所有要素，任何遗漏都可能导致设计成果的不完整。例如，如果在分析外部环境条件时，由于现场调查不够细致或分析不够充分，忽略了基地上方有高压线穿过的情况，可能会导致建筑主体在垂直和水平方向上与高压线的距离不符合规范要求。如果能够通过小幅调整方案来纠正这一疏忽，那还算幸运。但是如果违规严重到无法调整方案，那么整个设计可能会以失败而告终。又例如，在建筑设计任务书中，公共卫生间往往不会被单独列出，但这并不意味着它们不需要被设计。如果在功能系统分析中，所有其他方面都考虑得很周全，却唯独遗漏了公共卫生间，这将导致非常被动的局面。如果在已经完成的平面设计方案中强行加入遗漏的公共卫生间，则很可能需要重新调整原有的布局，这将是一项艰巨的任务。

（2）层次要清晰

在建筑设计项目中，尽管存在大系统、子系统和分系统的复杂性，但只要在系统思维过程中保持清晰的层次结构，就能按照正确的思维顺序有序地解决设计问题。反之，如果分析层次混乱、逻辑不清晰，就可能导致系统混乱，从而发生分析错误。

在建筑设计过程中，如果无法准确识别各设计阶段的主要矛盾及其主要方面，可能会导致设计思维的混乱。例如，在设计初期，我们应该首先关注建筑与环境之间的主要矛盾，并进行细致的系统分析，而不是一开始就着手于平面功能的布局或形式的构建。如果一开始就着手于平面功能的布局或形式的构建，就相当于将后续分析层次的问题提前处理，从建筑设计方法的角度来看，这是一种本末倒置的错误。在设计初期，当系统分析聚焦于建筑与环境的主要矛盾时，还应注意到矛盾的主要方面在于环境因素，应重点对其进行系统分析，以充分理解设计的外部条件，并有针对性地考虑设计目标如何适应环境的各种问题，只有在这一基础上才能进入下一层次的系统分析。清晰地遵循系统分析的层次，意味着掌握了建筑设计程序的逻辑。

如果思维陷入对细节的过度关注，而忽视了对项目整体的要求，则会导致子系统设计目标的混乱，以及丧失对大系统设计目标的控制力。例如，有时我们可能会对设计的某个细节过于执着，反复推敲和研究，却忘记了这个细节在系统分析层次上应该在何时考虑，甚至忘记了它与大系统的关系是至关重要还是可有可无，或者根本就是多余的。因此，在建筑设计中，什么时候考虑什么问题，需要有一个明确的系统分析层次和步骤，而且分析的思路应该非常清晰，只有这样才能确保建筑设计过程的顺利进行。

（3）重点要突出

在建筑设计项目这一宏大系统中，设计过程中存在众多不确定因素，而系统分析的目的就是识别这些不确定因素并寻找解决设计难题的途径。然而，这些不确定因素在设计中的重要性并不相同，它们有主要和次要之分。在解决某个设计阶段的关键问题时，某个子系统可能扮演着关键角色。如果能够集中精力解决这个子系统的不确定因素，可能会为方案设计带来突破，甚至塑造出方案的特色。在建筑设计的不同阶段，不确定因素的重要性也不尽相同，只有识别并专注于每个阶段的关键不确定因素，才能找到解决设计问题的关键点，从而推动设计向前发展。因此，系统分析不是对所有设计问题一视同仁，也不是为了分析而分析，而是要着重寻找解决关键问题的最佳方案。

例如，在设计初期，许多设计条件都可能激发出构思想法，但它们的影响力并不均等，总有一个条件起着决定性作用。系统分析的目标就是识别并突出这个关键点，使其成为主导思路，而其他次要的想法则需要退居次席。贝聿铭设计的卢浮宫博物馆扩建工程便是一个典型例子，他抓住了保护环境这一核心构思，将所有功能设施置于地下，只在地面上建造了一个巨大的玻璃金字塔作为入口，这一设计成为世界公认的杰作。如果在此阶段的系统分析中他未能抓住重点，或者主次颠倒，比如为了突出新博物馆的形象，并与现有博物馆在风格上保持和谐，而将其置于地面之上，那么无论设计手法多么高超，都会破坏环境氛围，这样的设计最终也只会成为败笔。

（4）分析要持续

虽然我们强调在建筑设计初期应加强系统分析，但由于设计要素中有许多是不确定的变量，即使通过系统综合，我们也只能从多个方案中选择一个相对理想的方案，而不可能达到完美无缺的最佳状态。随着设计工作的开展，可能会出现新的设计矛盾或新的变量。这时，我们仍然需要运用系统分析方法来深化设计。此时的系统分析内容与之前有所不同，之前的系统分析结果在新的分析阶段转变为条件因素，与新出现的因素被一起考虑。由此可见，系统分析是一个持续的过程，它贯穿于整个设计工作的始终。

4.2.2 系统综合方法

系统综合本质上是在评估系统分析结果的基础上，对解决设计问题的各种方案进行利弊权衡，或者挑选出最适合的方案，以供进一步开展工作的过程。在系统分析阶段，由于建筑设计涉及的各个子系统有着众多目标，这些目标之间有时还可能存在冲突，因此不能仅仅因为某个子系统在特定方面实现了最优目标，就认为这是整体上最佳的设计方案或解决设计问题的最佳结果。如果从另一个子系统的角度出发，也可能在另一个方面实现了令人满意的目标，那么情况就会变得复杂。同理，从不同子系统的角度出发，可能都能在各自领域内实现较为理想的目标，但我们的最终设计目标是统一的，这就需要我们从整体上对各个子系统的目标进行综合评估，从而为方案的优化选择和决策提供依据。在进行系统综合时，要注意以下几个方面。

（1）确保评价的客观性

评价的目的是从多个方案中选择最优的设计方案，因此评价的准确性直接决定了方案选择的正确性。为了实现这一目的，系统分析提供的信息和数据需要尽可能全面，以便在评价时有足够的依据。同时，评价者应避免受到个人情感、偏好和主观判断的影响，坚持客观和实事求是的原则，公正地评估每个方案的优缺点，这是确保评价结果不偏离事实的关键。

(2) 确保方案的可比性

在建筑设计的初期阶段，为了探索设计方向和寻找最佳方案，设计师通常会提出多个方案进行比较，以便从中选择一个较为满意的方案作为进一步开展工作的基础，并考虑吸收其他方案的优点。然而，这一过程的前提是这些方案应具有各自的特点，是根据不同的思路和鲜明的个性产生的，这样才能保证它们之间的可比性，使系统综合考虑的问题更加全面。如果多个方案在特点上大同小异，缺乏个性和可比性，那么系统综合就失去了意义。

(3) 强调方案的个性特点

系统综合的目标不是寻找一个平淡无奇的方案，即使这样的方案没有大的问题，但由于缺乏特色，最多只能算是平庸的设计。因此，在进行系统综合时，首先要考虑方案是否具有创新性和独特性。需要注意的是，这种创新和独特性不应以牺牲其他设计要素为代价。当然，即使一个具有创新意识和鲜明特点的方案可能还存在一些问题，只要这些问题不是不可纠正的设计错误，或者只是处理手法上的不完善，那么在系统综合时应该从整体出发，考虑将其作为优选方案。

(4) 善于借鉴其他方案的优点

系统综合的目的是优化和完善方案，前面讲的3个方面都是为了选择最优方案所必须进行的工作，但这并不意味着被选中的方案就是完美的，它可能还存在一些不足或缺陷。因此，接下来的工作就是对优选方案进行进一步的完善。这就需要研究其他被淘汰的方案，看看它们在设计上有哪些值得借鉴的优点，以此来弥补优选方案的不足。当然，这不仅仅是简单的复制，而是要吸收和融合。无论是设计思路还是手法，只要是值得学习的，都可综合考量。

4.2.3 系统思维特点

(1) 思考设计问题的整体性

在建筑设计的每个阶段都应采用全局视角来解决局部设计难题，这就意味着设计中的每个组成部分和细节都是整体不可分割的一部分。它们之间存在着紧密的联系和影响，每一个局部的变动都可能会对整体造成连锁反应。因此，我们应该采用全局和相互关联的视角来审视设计元素和细节，避免仅从孤立和片面的角度出发，单独处理局部设计问题。例如，图4-4、图4-5是近几年的住宅项目，方案整体来说还不错，但是也有不足之处。在图4-4中，公共卫生间的出路略有不足，一是离出入口太远，二是位置在主卧和次卧的入口处，体验不佳，同时客厅的进深较大，采光效果不佳。图4-5对图4-4进行了改善和提升，将公共卫生间挪至主入口处，动静分区更加合理，同时缩小了客厅的进深，采光效果更佳。

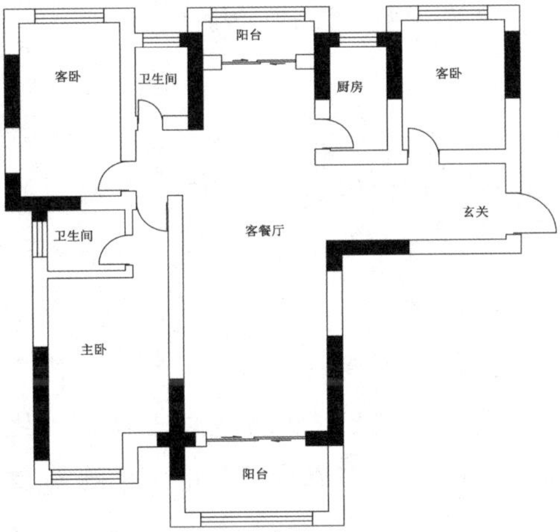

图4-4　某小区一期户型A

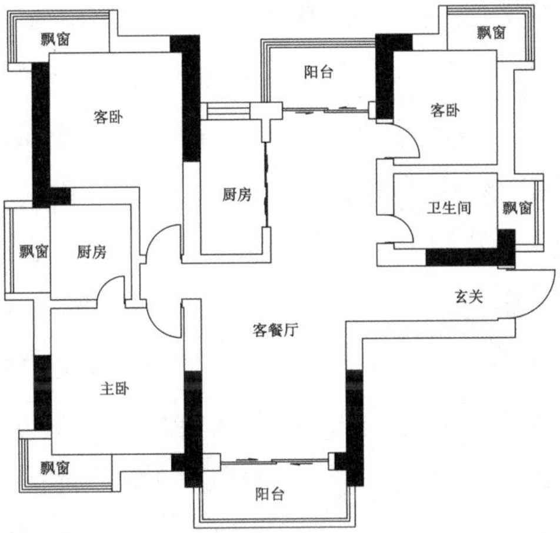

图4-5　某小区二期户型B

(2) 辩证地分析设计矛盾

建筑设计的过程本质上是解决设计中出现的矛盾的过程。根据矛盾论的原理，事物的发展并非绝对，矛盾的双方总是相互依赖、相互转化，旧矛盾的解决往往伴随着新矛盾的产生。因此，我们在分析问题时应遵循事物发展的客观规律，采取辩证的方法，而不是单一视角的观点。如前文所述，建筑设计中某个子系统的改变可能会触发另一个子系统的变化，甚至引发连锁反应，影响整体设计，这是设计中常见的现象。

以剧场建筑的立面设计为例，是否采用全玻璃幕墙并非一个简单的是非问题，而应考虑这一选择对其他设计方面的影响。采用全玻璃幕墙可能会使建筑外观现代感十足，内部空间明亮，夜晚灯光璀璨，极具吸引力。但过于明亮的环境可能导致观众进入剧场时难以适应光线变化，影响视觉体验。如果剧场的立面朝西，还可能导致严重的西晒问题，增加能耗。面对这些矛盾，如果决定采用全玻璃幕墙以保持建筑的现代感和特色，就需要采取措施克服相应的缺点，如设计合适的遮阳系统，或使用隔热玻璃等材料。如果考虑到成本和维护费用，调整立面设计也是合理的选择，比如在立面上部设置大型剧情广告牌，既能起到遮阳和降低能耗的作用，又能带来宣传效果。因此，立面设计的选择并非唯一，关键在于如何辩证地处理由此引发的一系列设计问题。

(3) 追求目标的最优化

建筑设计是一个复杂的解题过程，通常没有唯一的正确答案。但无论是在设计过程中还是在最终结果上，我们总是可以寻找到相对较好的解决方案，这就涉及设计问题的优化工作。系统思维方法通过对多个设计条件的分析，提出多种可能的解决方案，然后通过综合评估选择最优方案。这种优化工作贯穿于整个建筑设计过程，只是不同阶段或步骤的优化目标和内容可能不同。总体来看，优化工作从整体开始，首先确定方案的基本框架，然后通过逐步深入优化，解决各个阶段的设计问题，直至实现建筑设计的最终目标，这表明优化是多层次的。需要注意的是，不同阶段的优化结果可能会出现矛盾或对立的情况。这时就需要在整体设计系统中进行审查，确保与整体优化目标一致。这表明在建筑设计的每个阶段，优化工作都离不开系统思维。

由于建筑设计涉及的领域广泛，其优化方法并不像某些工程领域那样依赖于数学模型和定量计算，而是需要通过多方面的分析和比较，结合设计者的专业素质和实践经验，以此来寻求设计目标的最优化。因此，这种优化是有条件的、相对的，并且在后续的设计过程中还有可能进行进一步的优化。

4.3 综合思维方法

在科学与艺术两个领域中，由于工作方式的差异，思维方式也有所不同。科学更侧重于逻辑思维，这体现在它更多地使用概念、分析、筛选、比较、推理和判断等心理活动。而艺术则更侧重于形象思维，这体现在它更多地使用知觉、想象、联想和灵感等心理活动。建筑设计是一个理工与人文交叉的学科，具有很强的综合性，既包含工程技术问题，也包含艺术创作问题。因此，单一的思维模式无法解决复杂的设计问题，需要将逻辑思维和形象思维结合起来，这就是综合思维。

总而言之，综合思维方法实际上是将逻辑思维与形象思维紧密结合起来进行思考的方式。因此，设计师需要像掌握手中的表达工具一样熟练地掌握逻辑思维和形象思维，并在此基础上将两者作为一个整体，始终伴随着设计的进程同步运行，任何将两者分离或失衡的思维都不符合建筑创作的思维方法。

4.3.1 熟练掌握逻辑思维和形象思维的方法

设计师在进行建筑设计时必须进行思考，这种思考需要运用多种思维方式，主要包括逻辑思维和形象思维，熟练运用这两种思维方法为掌握综合思维方法奠定了基础。其实，正常人都具备逻辑思维能力，只是程度不同，方法上有科学与非科学之分，产生的结果也就会有所差异。那么，如何更好地运用逻辑思维呢？实际上在讨论系统思维方法时就已经展示了逻辑思维在建筑设计中的应用，只要掌握了系统分析方法和系统综合方法，也就熟练掌握了逻辑思维方法。

然而，设计师对形象思维的掌握相对困难。这是因为形象思维是借助于具体形象进行的思维过程，它是一种多途径、多回路的思维，属于“面型”思维形式，不像逻辑思维那样是从一点推向另一点的“线型”思维。建筑设计的重要任务之一是形态的创造，包括建筑的外部体形、内部空间形态，甚至细部节点形态的推敲。这些形象的确定有两个难点：一是这些形象在设计者脑中事先是不存在的，设计者很难想象设计目标的形象，即使设计者在形象构思中能够有一个隐隐约约的形象目标，但在设计过程中要控制它的实现也是比较难的；

二是所构思的形象或所实现的形象并不是唯一的结果，或者不是最好的结果，因此只有设计者掌握了形象思维的方法，才能不断提高形态的创造力。

(1) 加强对形态的理解力

运用形象思维方法进行的创造，其前提是设计者已经具备了对形态的理解力，这是因为形象思维是以具体形象为基础进行思考的。例如，在解读设计任务书时，对于基地周边环境条件的认识，不能停留在给定的地形图上，这仅仅是二维的平面，与今后在三维空间中的真实感有较大差距。设计者必须将二维的环境条件图通过理解转换到头脑中建立起三维的空间概念，只有感受到了这个外部形态的空间特征，才能为今后的设计目标创造一个与之有机结合的空间环境概念。又例如，在进行平面、立面、剖面设计时，同样不能把它们看成是二维平面的图形，一定要理解三者所构成的空间形象。在此基础上，从空间形象的视角给予正确的评价。若有不满意之处，再回到平面、立面、剖面上进行有针对性的调整和完善工作。

(2) 提高对形态的想象力

建筑设计是一个形态创造的过程，从建筑的整体形体到细部形态，都具有形态的特征。然而，这些形态在设计之初原本是不存在的，设计者需要运用形象思维的方法先把它们想象出来，然后才能创作出来。对于不同的人，形态的想象力是有差异的。有的设计者对于形态的想象力较为丰富，有的设计者对形态的想象力则较为贫乏，其原因多种多样。就形象思维方法而言，前者对诱发形态的联想较为灵活、丰富，而后者对诱发形态的联想较为迟钝、单调。联想是诱发丰富想象力的重要方法，因为联想是人的一种重要心理活动，在某些外界条件的诱发下，可以回忆起过去曾有过的类似见识和经验，从而产生接近的、类似的形态想象，这种外界条件诱发联想的途径有以下几种。

第一，依托环境诱发的形态联想。任何一座建筑物都应融入所处的特定环境之中。因此，设计者应从若干环境要素中寻找最典型、最具特征的因素作为引发联想的因子，由此想象出相关的建筑形态。例如，丹麦建筑师约恩·伍重设计的悉尼歌剧院，其基地位于突向大海的班尼朗岛上，三面环水，面临海湾，形成了独特的环境特色。约恩·伍重用象征性的手法，摒弃了现代主义建筑师信奉的“形式因循功能”的准则，颠覆了传统歌剧院的形态模式，从海湾环境中诱发出以3组巍峨的壳顶，塑造出既像一堆贝壳，又像一组迎风扬帆船队的形态，与其所在环境的融合似乎再没有更好的替代方案了。这个独特的建筑形态如今已永载史册，成为悉尼乃至澳大利亚的象征（如图4-6）。

第二，依托仿生诱发的形象联想。在自然界中，无论是生物（如动物、植物等）还是无生命的物质（如矿物等），都构成了一个多样化的物质世界。它们通过各种形态展现了其功能性、适应性和结构的合理性。例如，蜂巢由众多正六边形组成，展现了结构的高效与空间的节约；贝壳、核桃、鸟蛋等通过薄壳结构实现了高强度；树木的根系深入土壤，以稳固树干；伞状的树枝结构合理地分散力量，用较少的材料覆盖了广阔的区域；动物的骨骼结构不仅保护内部器官，还通过关节的灵活性适应各种运动；无机物的晶体结构确保了形态的稳定性等。这些自然界中的卓越机制和生命规律，是我们获取灵感、创造建筑形象的宝库。但这并不是简单地模仿自然界，而是通过类比的方法，总结动植物的生长纹理和自然生态的规律，并结合建筑的特性进行创作。

图4-6　悉尼歌剧院

埃罗·沙里宁设计的耶鲁大学冰球馆（如图4-7），其外形酷似海龟，屋顶宽大且造型优雅。丹下健三设计的东京代代木体育馆和游泳馆（如图4-8），采用悬索结构模仿贝壳的形状，实现了功能、结构与形态的和谐统一，成为建筑艺术的典范。安东尼·高迪设计的米拉公寓（如图4-9），其建筑形象独特而富有想象力，各种形态和色彩均源自大自然。上海临港海岸海螺织物膜驿站的设计师受到树干的启发，设计了螺旋形支柱，屋顶的起伏形态让人联想到地中海的波浪或巴塞罗那附近的蒙特塞拉特山的轮廓（如图4-10）。米拉公寓的装饰效果非常强烈，被认为是表现主义的先驱。海螺形状的织物膜驿站位于大型风车下方，由8根放射状渐变的钢管构成内外翻转的主体结构，表面覆盖银色织物膜，底座自然形成半圆形的长条坐凳。在最初的设计中，驿站具有更仿生的、类似海胆的凸起形态，但在实施过程中因成本问题被简化为光滑的曲面。眼睛形状的开口则提供了望向海面的视野，并减少了膜材的使用。半透明的织物膜在海边阳光的照射下会产生丰富的光影效果，展现出科幻般的表现力，与风车相得益彰。

图4-7　耶鲁大学冰球馆

图4-8　东京代代木体育馆

图4-9　米拉公寓

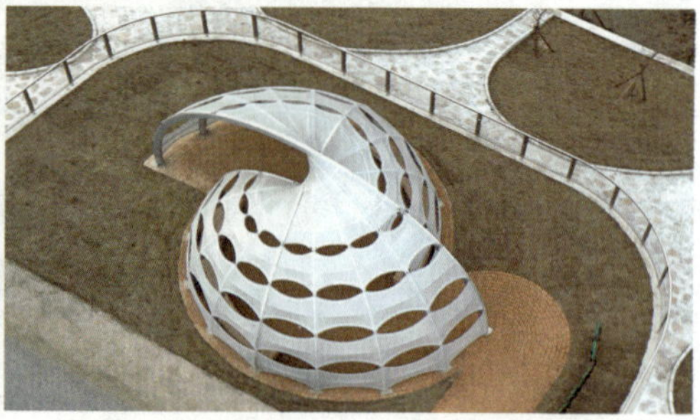

图4-10　上海临港海岸海螺织物膜驿站

第三，依托寓意诱发的形象联想。寓意是一种表达特定主题的方式，它通过与功能或场所特性相关联的心理暗示，激发人们的移情效应，从而引发形象和情感的连续反应。例如，城市或地理区域常通过一个象征性的大门来表示一个地理空间的界限，因此很多城市将火车站、机场等交通枢纽建筑作为城市的门户，这种做法是合乎逻辑的，有时新开发区的入口也会采用标志性建筑来发挥大门的象征作用。

美国圣路易斯市的杰斐逊纪念拱门（如图4-11），由建筑师埃罗·沙里宁设计，其跨度超过190米，采用抛物线形状，以现代、轻盈而雄伟的形象象征着该城市是通往美国西部的门户，以及该城市在历史上对美国西部开发所做出的重要贡献。由建筑师约翰·奥托·冯·施普雷克尔森设计的法国巴黎德方斯大拱门（如图4-12），以其庞大而开放的方形结构与旧城区的凯旋门相呼应，寓意着展望未来和通往世界的窗口。我国的杭州之门（如图4-13）、苏州东方之门（如图4-14）都是将主体建筑的中段挖空，形成门的暗示，有寓意城市门户的异曲同工之妙。

图4-11　美国圣路易斯市的杰斐逊纪念拱门

图4-12　法国巴黎德方斯大拱门

图4-13　杭州之门

图4-14　苏州东方之门

（3）增加对形态的记忆与经验的积累

设计师的形象思维并非凭空产生，而是基于对形态的记忆和经验的积累。这需要通过观察、分析、理解、记录书籍、杂志及现实世界中的建筑造型、内部空间形态和细部节点样式等，并将这种行为内化为习惯。设计师的头脑中存储的形态信息越丰富、越密集，其形象思维的活跃度和联想的灵活性就越强。

（4）熟练运用想象的能力

虽然每个人都有想象力，但每个人运用想象力的能力各不相同。对于设计师来说，仅仅拥有想象力是不够的，更重要的是能够熟练运用想象力。特别是在建筑设计中，创造形态不是简单地复制已有的形象符号，这种行为属于抄袭和拼凑。设计师需要从记忆中提取可借鉴的形象，并结合具体的设计目标，灵活地运用这些形象来独立构建新的形态，这是创造性想象的体现。

总之，建筑设计既是艺术创作的一部分，也涉及多学科交叉的工程领域。解决这种复杂系统的挑战需要设计师同时具备丰富的形象思维和严谨的逻辑思维能力。

4.3.2 强化逻辑思维与形象思维的协同作用

在建筑设计过程中，处理环境关系、功能布局、技术措施等问题时通常依赖逻辑思维来解决设计矛盾。而在进行形体塑造和空间推敲时，则更多依赖形象思维来进行艺术创作。这种工作方式可以充分发挥两种思维方式的优势，有针对性地实现各自的设计目标。然而，逻辑思维与形象思维并非总是界限分明，它们在设计过程中往往是相互交织、互动运行的，设计师需要意识到这一点，并有意识地将两者相结合。

（1）逻辑思维与形象思维的先后顺序并非设计起点的关键

在建筑设计的初期，可能会有两种不同的起点。一种是从平面布局开始，因为平面图可以展示多种设计要素，如功能布局、房间联系、流线组织、结构系统等，这些问题的解决主要依靠逻辑思维进行逐一分析，许多功能明确的公共建筑项目通常采用这种方法。一旦掌握了平面布局的核心问题，其他设计矛盾也能逐步解决。另一种是从形象构思开始，对于某些建筑类型（如纪念性建筑)，形象设计至关重要。只要确保功能需求得到满足，这也是一个可行的起点，并且往往能够因为独特的造型而产生强烈的第一印象。因此，逻辑思维与形象思维的先后顺序并不是最关键的问题。在这两种思维方式的各自运用过程中，设计师往往会下意识地融入另一种思维方式。例如，在进行平面布局时，虽然主要依赖逻辑思维进行分析，但设计师也需要有意识地考虑形象思维，如房间的形状、组合方式、结构布局等，这些都需要通过图形来表达，并通过逻辑思维来进行评估和反馈。同样，在进行造型设计时，设计师也需要有意识地运用逻辑思维对形态进行评估、分析和修正，然后再次运用形象思维对形态进行完善，如此循环往复。

(2) 提高主动运用逻辑思维与形象思维互动的能力

从有意识地运用逻辑思维与形象思维的互动，到下意识地运用它们，表明设计师已经熟练掌握了综合思维方法。这种能力体现在如何从整体上把握逻辑思维解决的设计方向与形象思维解决的设计目标之间的互动，以及在设计的每个环节中如何运用两种思维方式互动解决形式与功能、形式与技术、功能与技术等细节问题。我们可以从雅克·赫尔佐格、皮埃尔·德梅隆和李兴钢设计北京国家体育场的过程中看到他们是如何始终将逻辑思维与形象思维紧密结合在一起的。

北京国家体育场的设计师是瑞士的雅克·赫尔佐格和皮埃尔·德梅隆，以及中国的李兴钢。北京国家体育场（如图4-15）的设计灵感源于自然界中鸟巢（如图4-16）的编织结构，这种结构不仅提供了强大的支撑力，还在大型场馆中创造了优美而独特的空间体验。北京国家体育场的外观与周围的自然环境和谐地融为一体，形成宛如大自然延伸的雄伟景观。这个独特的建筑作品结合了中国传统文化元素和现代建筑技术，如今已成为北京的标志性建筑之一。

在创作初期，设计者虽然主要运用了形象思维，但这并不意味着他们完全忽视了逻辑思维。实际上，设计者在运用形象思维的过程中，也在无意识地进行逻辑思考。他们首先对自己提出了一个问题，即是否能够打破传统建筑常见的以平面和直线构成的规则几何形态，转而采用圆形、曲面和曲线等元素。这表明，在形象思维的基础上，设计者的逻辑思维已经在悄然发挥作用。

图4-15　北京国家体育场

图4-16　自然界中的鸟巢

设计者通过形象思维来探索和表达新的设计概念，但同时也在进行逻辑思维的比较和分析。例如，设计者考虑了圆形平面与方形平面的优劣，从系统的角度出发，验证了形式与功能的统一性。他们通过逻辑分析得出了碗状座席环抱赛场的收拢结构，上下层之间错落有致，无论观众坐在哪个位置，与赛场中心点之间的视线距离都在140米左右。北京国家体育场的观众席里还为残障人士设置了200多个轮椅座席，这些轮椅座席比普通座席稍高，可以保证残障人士拥有与普通观众一样的视野。比赛时，场内还将提供助听器，并设置无线广播系统，为有听力和视力障碍的人士提供个性化服务。在整个设计过程中，设计者不仅在脑海中形成了这些逻辑概念，还通过形象思维将它们转化为可视化的图示。因此，即使在创作过程中形象思维占据了主导地位，逻辑思维也在默默地发挥作用，两者相互交织，共同推动了设计的深化和发展。

设计者在进一步考虑场馆与辅助房间的组合时，也是同时将两种思维方法紧密统一起来。采用圆形平面的展笼，其辅助部分用房很自然地呈扇形平面。与矩形平面相比，如果两者面积相等，那么扇形平面的内侧边长就要比矩形的短一些，这就意味着圆形平面将有助于获得较长的观赏线。这种以图形表达逻辑思维的方法避免了逻辑思维的抽象性，使设计者更容易理解逻辑思维的分析。

北京国家体育场看似是由许多杂乱无章的钢枝条相互搭接而成，但实际上这些钢枝条可一点儿都不杂乱，每一根都是精心设计过的，不仅不能随意搭接，还要精准地控制误差。这些钢枝条较粗的边长有1.2米，较细的也有0.6

米，它们不是实心的，而是由几厘米（最大11厘米）厚的钢板焊接而成。这些钢枝条对精密度的要求极高，它们大都属于空间弯扭构件，无固定的线型，随便拿出来两根其形状都会有所差别，这与普通建筑中动辄使用几百上千个相同构件的情况是完全不同的，因此控制误差就变得相当困难，加工效率也大大降低。此外，北京国家体育场还处处都存在多杆件交会的情况，最复杂的结点甚至涉及14根杆件。只要有一根杆件的误差超限了，这个结点就连接不好，甚至根本连接不上。北京国家体育场的结点之间各不相同，几乎无规律性可言，每一次的制作、安装，无论是对于工程师，还是对于施工工人来说都是一次近乎全新的挑战，这就对误差控制提出了更高的要求。

综上所述，在整个设计过程中，针对不同的设计问题，逻辑思维与形象思维各有占据主导地位的时候，但同时又不能缺少另一种思维的辅助，两者始终是互动运行的。

4.4　创造性思维方法

4.4.1　发挥创造性想象

建筑设计是一种创作活动，为此，设计者必须善于运用创造性思维方法，即运用创造学的一般原理，以谋求发现建筑创造性思维活动的某些规律和方法，从而促成设计者创造潜能的发挥。创造性思维与常规思维的关键区别在于其包含的想象力。想象力可以分为两种类型，即再造性想象和创造性想象。

再造性想象是根据现有的描述在脑海中构建具体形象的能力。例如，建筑师在设计建筑时，能够通过平面图、立面图和剖面图在脑海中构建出建筑的三维形象，或者当设计师阅读建筑方案图纸时，能够想象出建筑的外观。这种能力是设计思维的基础，也是建筑设计工作的基本技能之一。

然而对于创造性思维而言，更为关键的是创造性想象的能力。它要求设计者不依赖现有的描述，不受时空限制，可以通过联想独立创造新的形象，这是评估设计者在建筑设计领域发展潜力的重要条件。当然，这种创造新形象的过程并非无中生有，而是基于设计者以往经验中的形象，再通过大脑的创造性加工来实现。

（1）对元素加工进行创造性想象

对元素进行创造性想象意味着对已有的形象和记忆中的形象元素，通过大脑的组织能力，进行新的排列、组合和加工，从而赋予事物新的意义，创造出新的形象。也就是说，构成新形象的各个元素本身并非设计者的原创，而是设计者根据自己的创造性想象重新组合了这些元素。

美国建筑师弗兰克·劳埃德·赖特设计的纽约古根海姆美术馆（如图4-17），通过对美术馆常见的水平流线、展览空间、休息区等元素进行创造性加工，重新安排了它们的组合关系。例如，弗兰克·劳埃德·赖特改变了传统的由下至上的展览路线，改为先通过电梯将观众带到顶层，然后由上至下进行参观；将分段式的展区变为连续的展览流线；将方正封闭的展厅改为螺旋形开放式展廊。尽管美术馆的设计元素与其他美术馆并无太大差异，但正是由于展览方式的创造性想象和设计元素的重新加工和编排，使得该美术馆以其大胆创新的造型和迷人多变的内部空间而闻名。

图4-17　纽约古根海姆博物馆

苏州的古典园林作为世界文化遗产，享誉全球，其以诗意的景象、多变的空间布局、多样的元素和灵活的设计组合，展现了文人墨客的审美情趣（如图4-18）。尽管构成这些园林的基本元素无非就是山石、水体、建筑和植物等四大类，而建筑元素（包括厅、堂、轩、阁、榭、亭廊等）也大多基于简单的几何形状。虽看似雷同，但正是由于各个园林根据其独特的环境特征和园主的个人品位，对这些基本元素进行了精心的设计和创造性想象，才使得苏州的园林艺术如此丰富多彩，各具特色。

（2）受原型启发进行创造性想象

受原型启发进行创造性想象是运用想象力在不同事物（如现象、概念等）之间建立起某种联系的方法，由此诱发出创造性设想。前文所提及的依托环境诱发的形象联想和依托仿生诱发的形象联想都是受原型启发进行创造性想象的途径，这些都是通过原型启发来进行创造性想象的策略。这些策略不仅涉及回忆的形成、记忆的加强和推理的促进，而且能够帮助人们获得新的理解，实现知识的更新和深化，对于激发新的思考成果和开发创造性想象力具有重要价

图4-18 苏州留园

值。可以对这种由原型启发的创造性想象进行如下分类。

第一，接近联想。接近联想是指想象的事物与原型在某些方面（如形式、生活模式、平面构成等）有外在的相近之处。前者是受后者的启发而产生，但并不是模仿和再生，而是结合当前的各种条件进行再加工、再创造，从而产生新的思维结果，人们从这个新成果中能看到原型的影子。

意大利建筑师伦佐·皮阿诺在新喀里多尼亚设计的特吉巴欧文化中心，受到当地传统棚屋的启发，伦佐·皮阿诺提取了其核心元素——木制的骨架结构。这种结构原本由棕榈树干制成，并覆盖有保护层。在特吉巴欧文化中心的设计中（如图4-19），每根弯曲的木肋与垂直、水平及斜向的不锈钢构件完美融合，共同构成了一个容器形态的新棚屋。这些木肋向上延伸并在顶部汇聚，其形态与原始棚屋有着相似的美感。特吉巴欧文化中心采用了来自全球的现代材料，但最终呈现的是对传统文化精髓的现代诠释。这种设计正是通过接近联想的思维方式，在原型的基础上发挥创造性想象。

图4-19　特吉巴欧文化中心

图4-20　**柏林爱乐音乐厅**

第二，相似联想。相似联想是指在想象中寻找与原型内在相似性的联系，这种联想不是简单地模仿原型，而是在原型的启发下，根据创意的需要进行创新设计，最终的设计成果可能在精神上与原型有着某种共鸣。

德国建筑师汉斯·夏隆设计的柏林爱乐音乐厅是一个外观独特、内部空间错综复杂的建筑（如图4-20）。在设计时，汉斯·夏隆以音乐为核心，希望创造出一种人们仿佛在山谷中围坐聆听音乐的氛围。建筑的底部是表演区，周围环绕着层层递升的座位，形似梯田，而顶部则设计成帐篷状，与下方的空间相呼应。汉斯·夏隆曾表示：建筑的形状和轮廓灵感源于他在家乡不莱梅看到的海港外的浮动冰山。柏林爱乐音乐厅的平面布局类似小提琴的形状，接近六边形，中心是表演区，四周则是大小和形状各异的梯台式观众席，这不仅丰富了室内空间，也使得表演者与观众之间的互动更加直接。“围坐”“层层梯田”“帐篷”“冰山”“容器”，这些都是汉斯·夏隆创意的原型。他受到这些原型的启发，以音乐为中心，发挥创造性想象，最终创作出了这座具有标志性的建筑，其被认为是第二次世界大战后全球范围内最成功的建筑作品之一。从柏林爱乐音乐厅的设计成果来看，它并没有直接复制原型的形式，也不是随意绘制的，而是与功能、成本和声学效果完美融合。但如果我们仔细体会这座建筑，就会发现许多设计细节与最初的构思原型有着密切的联系。

第三，对比联想。对比联想是指在想象中与原型形成一种对立的关系，设计者虽然受到原型的启发，但通过逆向思维，采取了与原型相反的设计方法，其创新成果往往出人意料。

在传统的西方教堂设计中，通常强调上帝的神秘性和信徒的渺小感，因此教堂的布局往往是长十字形，平面封闭，室内光线昏暗，空间高耸而狭窄。然而，美国建筑师菲利普·约翰逊设计的水晶教堂，虽然保留了教堂的基本设计元素，但在具体的组织方式上却与传统教堂截然不同。他根据著名牧师舒勒的愿望，改变了传统教堂的礼拜方式，设计了一座仿佛没有屋顶和墙壁的教堂，以便牧师在露天环境中布道。菲利普·约翰逊采用空间网架结构和透明光亮的镜面玻璃，让阳光充分照射进来，营造出室外的氛围，与传统的石造教堂形成鲜明对比。在平面布局上，菲利普·约翰逊放弃了传统的十字形设计，转而采用了尖菱形设计，教堂的外壳巨大而通透，室内空间宽敞明亮，同时又保持了亲切感，彻底改变了传统教堂那种压抑、紧张和神秘的氛围（如图4-21）。有一位牧师曾表示：与过去的石造教堂相比，上帝可能更偏爱这个类似人间天堂的环境。

图4-21　**水晶教堂**

(3) 在理念支配下进行创造性想象

许多创造性想象的灵感确实源于原型的形态，但因为采用了不同的创造性加工技巧或通过不同的联想途径，最终展现出多样化的创新成果。然而，并非所有创造性想象的灵感都源于已有的原型形象，有些则是源于原创的独特设计概念。在特定理念的指导下，设计师能够大胆地创造出独特的作品，这些作品可能会引起不同的反响和评价。法国建筑师伯纳德·屈米设计的巴黎拉维莱特公园便是这样一个典型的例子。

受到法国解构主义哲学家雅克·德里达的影响，伯纳德·屈米将巴黎拉维莱特公园设想为一个无中心、无界限的开放式公园。他认为建筑艺术不必遵循传统的构图法则，而是可以通过点、线、面的三重系统进行并置、交织和重叠，以创造出动态的构图，从而形成一种新型的城市空间模式。在这一理念的指导下，伯纳德·屈米将公园区域按照X、Y坐标划分成了120平方米的网格矩阵，并在这些网格的交点上布置了各式各样、形态各异的“疯狂屋”。图4-22中这些红色的“点”构成了一种鲜明的标识系统，为公园提供了基础色调。而“线”的系统则由两条呈十字交叉的直线（一条是贯穿南北的高科技走廊，另一条是东西方向的原有水渠），以及精心设计的、蜿蜒连接各个景点的园内小径组成。此外，“面”的形态则由广阔的绿地构成，它们在繁忙的城市中心提供了一片宁静的空间，并使得那些多变的“点”更加生动和突出。这些“点”“线”“面”的结合虽然初看似乎是偶然的、巧合的、分散的、不稳定的和不协调的，但实际上却体现了解构主义创造性想象的精神。

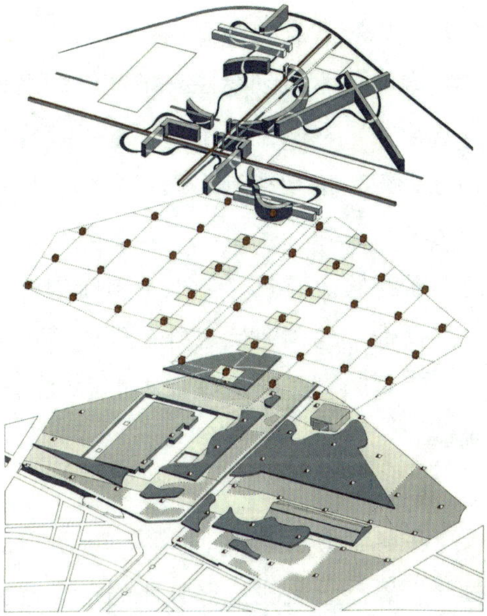

图4-22　巴黎拉维莱特公园的点、线、面

4.4.2 借助科学方法与工具

人类进行创造性劳动的前提条件有3个，即思维、方法、工具。

（1）思维

思维是大脑的一项功能，它能够间接和概括地反映客观世界，通过分析、综合、判断和推理等过程进行理性认识。这一过程对于设计师来说至关重要，因为它有助于设计师理解设计任务、明确目标、识别设计中的问题，并指导设计的进行。与常规思维相比，创造性思维是一个更为复杂的过程，尤其在建筑设计中，它涉及政治、经济、文化、民族、艺术、自然环境、技术和工程等多个方面的要素。创造性思维能够帮助设计师拓展思路，找到创新的切入点，激发想象力，从而创造出新颖的设计成果。然而，建筑设计所涉及的这些领域是相互交织、相互影响、相互制约和相互融合的，这使得建筑设计的创造性思维成为一个独特、多层次、多因素和多变的动态系统。面对这样的复杂性，传统的基于经验、直觉、静态和封闭的建筑设计方法显得不够有效。尽管设计师可以发挥他们的创造性思维，但为了跟上科技的快速发展，需要采用现代设计方法，这将为创造性思维提供更广阔的空间，使其能够达到人脑难以触及的想象领域。

（2）方法

在科学方法论中，唯物辩证法提供了一种普遍适用的、符合自然规律的方法论。虽然它不能替代具体的科学方法，但它可以扩展创造性思维的广度和深度。促进创造性思维发展的科学方法包括系统论、信息论和控制论等。

系统论方法。这种方法以系统的整体分析为基础，帮助创造性思维在建筑设计中全面考虑各种问题，明确主要矛盾和次要矛盾，比较不同方案的优劣，指出设计的重点和方向，从而有序地推进创造性思维。

信息论方法。这种方法侧重于收集和处理设计所需的原始数据，对已知的数据因素进行参数估计、识别检验和综合，帮助创造性思维充分利用新的信息资源，为设计提供有效的构思和准备。

控制论方法。这种方法关注信息的动态控制过程，确保系统在稳定的基础上高效运作。对于创造性思维来说，掌握控制论方法可以帮助设计师控制和引导整个设计过程。

此外，还有离散论、突变论、优化论、模糊论、功能论、对应论、智能论和艺术论等科学方法，它们都对创造性思维的发展起到了推动作用。设计师不应仅仅依赖于直觉和经验，而应学习和运用各种科学方法，用理论武装自己的头脑，利用现代设计方法使创造性思维更加理性、科学，并符合事物发展的规律。

（3）工具

在建筑设计中，思维的表现形式最终需要通过工具来实现。笔、模型和计算机这3种工具在设计过程中扮演着各自不同的角色，尤其是在不同的设计阶段。

笔作为传统的设计工具，曾经在设计方法中占据核心地位，设计师主要依靠手绘来表达设计成果。即便在今天，笔在创造性思维中的作用依然不可忽视，其重要性将在后文结合图示思维方法进行进一步的讨论。

模型作为创造性思维的工具，同样发挥着重要作用。我们提倡使用工作模型作为研究方法，以辅助创造性思维进行建筑形态的研究，而不是仅仅通过成果模型来展示最终的设计成果。在使用工作模型时，可以采用易于切割的小比例泡沫块，根据创造性思维的意图，轻松地进行形体的增减，确保在研究形态时，创造性思维不会因为手工操作的缓慢而受到阻碍。

特别值得关注的是计算机工具在建筑设计中的应用。计算机技术的发展和普及极大地改变了这个世界，也深刻影响了建筑设计领域。在数字化时代，许多传统观念、方法和手段都受到了挑战。在建筑设计中，计算机不仅能精确、细致、快速、高效地制作设计表现图，更重要的是，设计软件能够帮助解决以往难以处理的复杂问题，尤其是那些不规则形态的设计。此外，计算机在处理重复性工作方面具有巨大优势。这些特点展示了计算机作为设计工具的巨大潜力。从长远来看，掌握并熟练使用计算机技术不仅是设计的工具和手段，也是一种设计方法。它应与手绘和模型一起，共同促进创造性思维的发展和建筑设计的表现。

然而，唯物辩证法提醒我们，任何事物都有两面性，计算机工具也有其双刃剑的特性。设计师需要警惕的是，过度依赖计算机工具，尤其是在方案构思和设计初期，可能会因为计算机的逻辑程序限制，而限制了对设计目标的概念性和流动性的想象。如果过分依赖计算机，那么“脑—眼—手”这一创造性思维的互动链条可能会被削弱，人脑可能会因为计算机替代了许多技术性工作而变得迟钝，手可能会被鼠标所取代，从而失去了对创造性思维的控制，而眼睛可能会被屏幕上机械的方案线条和失真的效果图所影响，从而导致设计师的专业素质水平下降。因此，计算机只是辅助设计的工具，它是人脑的延伸，而不是替代品，更不能取代人的思维，尤其是创造性思维。

总之，计算机技术作为现代设计工具，极大地扩展了建筑设计的领域，使得创造性思维更加活跃，促进了新设计成果的不断涌现。同时我们也应该意识到，计算机技术可能对创造性思维产生的负面影响，要确保两者能够发挥各自的优势并相互补充，共同提升设计师的创造力。

4.4.3 利用非推理因素

在心理学中有一种“垃圾箱理论”，这种理论认为，客观世界在人脑中的反映有两类，一类是经常反复出现的信息，或者说是人的思维中经常要用到的信息。对于这一类信息，人们能够认识到它们之间的联系，并将它们有系统地排列在头脑中。当需要使用这些信息时，就可以按照它们的排列顺序去寻找，这个排列顺序就是逻辑思维中的推理因素。另一类信息则属于不经常反映在大脑中的信息，这些信息利用率不高，人们也认识不到它们与别的事物有什么联系，因而无法系统化组织。这一类信息只是杂乱无章地堆放在大脑中的某一处，像垃圾箱一样。当需要使用这些信息时，只能像从垃圾箱中找东西一样，胡乱翻找，这时靠的就是心理活动中的非推理因素。根据上述心理学的描述可知，既然发明创造不仅仅是阐明已知的事物联系，而是要发现事物间未知的联系，那么就得靠非推理因素把似乎无关的信息联系起来。在科学领域，很多发明创造就是把在逻辑推理上看似完全无关的东西联系在一起时产生的。对于创造性思维来说，非推理因素同样很重要。这种利用非推理因素解决问题的方法就是综摄法，具体来说可以分为两个步骤。

第一步是“变陌生为熟悉”，这是综摄法的准备阶段，即把问题分解为一些小问题，以便深入理解问题的实质，并由此得知解决哪些具体小问题才是建筑创作的关键所在。第二步是“变熟悉为陌生”，这是综摄法的核心，即暂时抛开问题本身，通过类比的方法，从陌生的角度进行探讨，得到一些启发之后再回到原问题上来，之后通过强制联想，把类比成果应用于解决原问题。

例如，当我们设计一座大型现代医院门诊部时，对于许多设计者来说是较陌生的，但我们可以把复杂的门诊部所有应考虑和解决的问题细分成科室布局应合理、三级分流应清晰、流线组织应短捷、就医程序应畅顺、洁污管理应分离、专属领域应独立等。有些问题，如功能布局、流线组织都是建筑设计的共性问题，是设计者较为熟悉的，只是处理手法可能要就事论事。而有些问题，如对门诊部三级分流要素的处理，可能是需要发挥创造性思维、产生新颖方案的关键。此时可以采取类比的方法，把三级分流比作人体的血液循环系统。由心脏输出的血液流到动脉主管，再流向人体各器官、各肢体的支管，直至流到毛细血管，整个血管系统路径清晰、路途简捷。然后我们可以联想到门诊部也是一个生命体，把门诊大厅当作心脏，患者由此通过如同血管一样的有组织的廊道流向各科室候诊厅，这种门诊部的交通体系保证了医患人员各自的功能要求。同时，门诊大厅的处理将体现医院建筑的特色。我们还可以把自己比作患者，从陌生的角度去体验一下就医过程，并设身处地地想一想，当自己进入门诊大厅后希望做什么、有什么要求。例如，环境要安静、宽松，不要人满为患；要很快就能发现自己想要去的诊室，并且路途不能太长，上下楼最好有电梯或自动扶梯；希望能够便捷地获得所需的各种信息；等等。这些人性化类比都是设计时要解决的问题。

由此可见，综摄法就是力图避免思维定式，以新的视角来观察分析和处理设计中的问题，以此启迪新的创造性设想。值得注意的是，创造性思维并不是以创造新颖形式为唯一目标。如上所述，对于解决设计中除形式以外的其他关键问题（如功能、结构等）也是创造性思维应涉及的范围。

4.5 图示思维方法

4.5.1 善于思考

图示思维是一种通过手绘草图来形象化思维活动的方法，它通过视觉验证来进一步激发思维，促进设计方案的形成和发展。这种思维活动是与手绘草图同步进行的，它们相互促进、迅速展开。图示思维与设计成果的图形表现不同，后者只是展示设计成果，而前者是在设计的初期和中期用来研究设计问题的一种思维工具。图示思维中的设计概念和意向，以及手绘表达，都是从模糊逐渐变得清晰的过程。思考和表达设计问题的路径是从整体到局部，逐步深化，直到两者共同实现设计目标。

图示思维与之前提到的其他思维形式的主要区别在于，由于手的参与，形成了建筑设计专业特有的思维方式，这也是体现建筑设计人员设计能力的重要业务素质。因此，熟练掌握图示思维方法非常重要。善于思考设计问题是进行建筑设计的基本前提，也是掌握图示思维方法的必要条件。建筑设计是一个从无到有的过程，先有想法，后有操作。如果缺乏思考，就无法进行创作。在这一点上，即使是再先进的电子设备也无法提供帮助。图示思维的本质是发挥思考的主导作用。

（1）要积极思考

在设计初期，需要有一个强化的思考过程。为了寻找方案的方向和目标，首先要保证一定数量的设想。通过强化信息刺激，促使设计者展开想象，引起思维扩散，在短时间内产生大量设想。设计者不应受任何限制，要放松思想，让思维自由驰骋。要从不同角度、不同层次、不同方向大胆展开想象，尽可能创新，提出独创性的想法，并进一步诱发创造性设想。至于设想的质量，可以先不急于判断，留待后续处理。我们之所以在运用图示思维方法时追求设计之初思考的数量，其原因是只有积极的思考才能涌现大量的设想，其中的创造性设想才可能更多，这就是创造学中的“头脑风暴法”。

（2）要巧于思考

积极思考可以产生大量设想，但最终许多设想需要被放弃，只有某些设想对设计有价值。要想提高思考的有效性，就需要我们在思考时紧紧围绕设计问题，运用系统思维、综合思维、创造性思维等方法，巧妙地进行思考。建筑设计没有唯一解，但可以优中选优，其前提条件是要有一定数量的思考结果，而且这些思考结果不要雷同，要有差距，而且差距越大，越易于通过比较找到最合适的方案。

（3）要快速思考

由于设计初期许多设想不受限制，处于喷发状态，因此我们的思考速度要紧紧跟上，即使这些设想比较粗糙、模糊，甚至仅仅是一个概念也不能放过。因为现在还不是对这些设想下结论、进行判断的时候，所以就没有理由舍弃它们。相反，由于快速思考和高度紧张，可以刺激思维活动。这种不间断的、流畅的思考过程可以帮助设计者排除一切杂念，不受干扰地沉浸在对设计问题的深思熟虑中，只有这样才能提高设计效率。特别是在快速思考中，某些灵感、直觉会伴随着大量设想不期而至，这对于设计工作的开展大有益处。

因此，在设计创作环节不能思维懒惰，不能心态浮躁，更不能随手抄袭。只要积极思考、巧于思考，并不断地训练快速思考能力，就能逐步具备运用图示思维的必备条件。

4.5.2 善于动手

手的作用是将头脑中所有思考的设想通过符号、图示及时记录和表达出来，这种表达应该是概念性的、粗线条的、奔放不羁的。这样做的目的是不希望因为手的动作稍有怠慢、滞后，而使思考速度受限、受阻，甚至中断。因此，我们不提倡此时使用计算机代替图示方法，因为即使计算机运行速度再快，也需要几秒钟的过程，此时思考就只能等待屏幕的结果。这种等待不断地重复，最终会导致思维速度迟缓，思考的设想被干扰。而且计算机所绘制的线条都是明确的、清晰的、准确的，这与思考问题的朦胧状态不吻合。因此，用手拿笔而不是用手握鼠标更符合图示思维方法的工作特征。

4.5.3 提高眼力

眼是脑与手的中介，它在两者之间传递信息。眼要验证脑的设想信息是否通过手的运作将概念变成了图示，再通过视觉扫描将获得的判断信息反馈回大脑。在这个过程中，眼力的敏锐程度、扫描速度及洞察力，对脑的思维活动、手的运作方式等都会有直接影响。眼力若能善于发现图示的关键所在，则有利于脑的思维应答和手的动作及时到位。眼力若迟钝，观察不到图示的关键，则脑的思维会缺乏反应，手的动作也会不到位。由此可见，脑和手若离开了眼，就无法使用图示思维。提高眼力的方式主要包括以下几种。

（1）眼路要宽

即视力的范围不要局限于一个一个的图示，要尽可能地扩展视野，将视域覆盖所有图示，或者借助头部的必要运动帮助扩展视野。特别是在做多方案比较时，应该将所有方案平铺开来，这样一目了然，可以让视力同时触及它们，从而更方便进行参照和比较。

（2）眼力要准

图示展现的内容常常是有用的与无用的混在一起，要想从中找到有价值的信息，就需要眼力准，善于发现。

（3）眼光要远

设计者可以很容易地对图示展现的内容进行分析、判断，但更重要的是要从这些图示中发现隐藏的问题，不能仅局限于已表达出来的图示，还要发现对后面的图示会有什么影响。

4.5.4　脑、眼、手协调同步

图示思维的方法是一边用大脑思考，一边动手勾画，并通过眼睛在两者之间传递信息。因此，脑、眼、手三者是一条协同互动链。一旦头脑思维启动，手和眼便会随即同步运行。如果三者有一方存在缺陷，或三者有一方缺失，那么脑、眼、手协同互动链将严重断裂。复制、拷贝、粘贴将代替头脑思维，其后果将是设计者的设计能力逐渐丧失，设计基本功逐渐退化。因此，脑、眼、手协调同步的图示思维方法是设计者成就事业的基本功。

课程思政小结

本章系统介绍了建筑设计的核心思维方法，从系统思维、综合思维、创造性思维、图示思维等4个方面探讨了设计方法的底层逻辑。系统思维需要注意的是分析要全面、层次要清晰、重点要突出、分析要持续。综合思维要从逻辑思维和形象思维的角度展开，加强对形态的理解力，提高对形态的想象力，增加对形态的记忆与经验的积累，并且熟练运用想象能力。创造性思维需要注意的是对元素加工进行创造性想象、受原型启发进行创造性想象、在理念支配下进行创造性想象。图示性思维则应善于思考、善于动手，提高眼力和协调性。

在本章对建筑设计思维方法的探讨中，学生能够深刻认识到建筑设计绝非纸上谈兵，而是需要以严谨的态度对待每一个细节的实践过程。建筑设计的每一个环节都关乎建筑的质量与安全，关乎使用者的体验与感受。因此，培养精益求精的工匠精神至关重要。这不仅是对设计工作的负责，更是对社会和人民的负责，是践行以人民为中心发展思想的具体体现。同时，在建筑设计领域，抄袭方案、隐瞒问题等不诚信行为不仅会损害行业的健康发展，更可能对使用者的生命财产安全造成威胁。因此，设计者必须树立诚信意识，如实反映设计中的问题，拒绝抄袭，以真实、可靠的设计成果赢得社会信任。职业操守不仅是设计者个人职业道德的体现，更是整个建筑设计行业可持续发展的基石。

第5章　建筑方案设计过程

5.1　建筑设计前期工作

在任何事件或活动开始之前，都需要经过充分的准备和细致的策划，这一阶段的准备程度和策划的周密性将直接影响后续的进展和成效。因此，在进行建筑设计时，方案设计阶段的准备工作至关重要。如果急于求成，没有做好充分的准备，那么可能会因为违背建筑设计原则而导致出现事倍功半的结果。

5.1.1　设计任务书

任务书是指导建筑设计方案的核心文件，它详细地为设计者介绍了将要进行的设计工作的目标、要求、条件、规定及所需的设计参数。只有当设计者彻底理解了设计任务书的内容，他们才能有针对性地开始设计工作。设计任务书主要分为两类，一类是针对具体工程项目的设计任务书，另一类是针对特定课题的设计任务书。

(1) 工程项目设计任务书内容

项目名称，明确指出设计对象的预期功能和目标。

立项依据，对于实际工程项目，必须持有上级主管部门的正式批准文件，并在计划和资金到位后才能委托设计。即使是通过招标或设计竞赛产生的工程，设计任务书中也应明确主办单位的合法手续。

规划要求，实际工程项目的用地范围需经规划部门批准，明确划定用地边界，并附上规划要点。这包括总体规划中提出的具体要求，如建筑退界、高度限制、容积率、建筑密度、绿地率及建筑的外观、色彩等具体限制。

用地环境，描述用地周边环境（如道路、相邻建筑、景观、朝向等）和内部环境（如地形、地貌、保留物、空中和地下状况等）。

使用对象，明确或暗示设计项目的目标用户及其使用性质。

设计标准，涉及设计多方面的规范，包括功能完善度、面积大小、结构类型、抗震等级、节能措施、设备标准、装修等级等。

房间内容，这是设计任务书的核心部分，需详细说明设计项目所需的各类房间及其面积要求。

工艺资料，对于工艺要求复杂的建筑方案，设计必须遵循工艺流程，设计任务书应提供相关的工艺资料。例如，电视台设计需列出节目制作的工艺流程和各技术用房的设计要求（如音质、温度、隔音、防震等）；博物馆设计需提出藏品的收藏、保护、管理工艺流程和技术用房的具体要求（如防盗、防腐、温湿度控制等）。

投资造价，投资是指工程项目的总资金投入，包括土地成本、拆迁费、土建费、设备费、装修费、室外工程费及市政管理费等。造价是指每平方米的平均成本。设计任务书中的投资通常是有计划性的，但实际可能会超出预算，原因可能包括计划投资缺乏科学性、建设过程中的不可预见因素（如地基处理、材料成本上涨、设计变更等），以及人为因素（如追求过高标准、决策随意性等）。

工程相关参数，某些设计任务书中还详细列出了对设计有参考价值的相关数据，如风向、降雨量、降雪量、地下水位、冰冻线、地震烈度等。

其他信息，主要包括其他可能影响设计方案的相关信息。

上述内容不是所有设计任务书都要一概罗列的，可因具体项目而异。

（2）课题设计任务书内容

课题设计任务书相较于工程项目设计任务书来说信息更为简洁，其主要目的是帮助学习者掌握建筑设计的基本技能和方法论。因此，课题设计任务书是一份既用于设计也用于教学的文件。课题设计任务书主要包括以下内容。

设计任务，明确课题设计的目标，描述环境条件，包括用地面积和总建筑面积。

设计内容，需罗列出该项目的所有房间名称及面积要求。

设计要求，提出设计教学的目标（如培养学习者正确的设计思维和操作方法、加强绘图技能等），以及课题设计的具体要求（如剧场设计需解决声学和视线问题，博览建筑设计需处理好人流、光线和视线的技术问题等）。

图纸要求，明确规定总图，以及平面图、立面图、剖面图的数量与图纸比例，明确透视图的表现方法，甚至规定图幅尺寸。

教学进度，详细制定课题设计全过程及每个阶段的教学内容与要求，以保证设计教学按计划进行，并检查学习者的阶段性设计成果。

参考文献，指导学习者查阅相关的设计资料，以加深对设计课题的理解，并学习借鉴他人的设计成果。

（3）任务书解读方法

通读设计任务书全文。通读设计任务书是理解其内容的第一步，无论其篇幅长短，都应从头到尾细致阅读，以初步了解设计任务书要求设计什么，以及相关的内外设计条件。以设计博物馆为例，为了更深入地理解设计目标，需要迅速回想与博物馆相关的信息，包括对博物馆设计原理的理解、参观经历、阅读资料，以及是否有设计经验等，对于这些信息的回想应该是迅速的。

分层次理解设计任务书内容。设计任务书的内容并非每一句都对设计有决定性影响，并且也不必立即记住所有内容，可以根据设计进程的需要，分层次、按重要性逐步理解。有些内容，如项目概述，只需快速浏览，心中有数即可。对于设计成果的要求，如图纸内容和表达深度，这些在设计结束时才需关注，不必一开始就过分关注。至于一些参考性信息，如投资、工艺要求、气候参数等，虽然对设计后期有影响，但初期不必强行记忆，只需知晓即可。然而，有些内容，如设计命题和环境条件描述，包括地形图，这些都是需要认真阅读和理解的重点，是设计初期就需要弄清楚的问题。理解环境条件将影响整个设计过程，提醒设计者在考虑总图关系、平面布局、造型设计时，始终要考虑周边环境条件的制约。此外，规划要点是方案设计的指导性意见，有些规定是强制性的，必须仔细阅读并牢记。但对于某些指标要求，如建筑容积率、覆盖率、绿地率等，暂时不必强记，只需在设计初期加强理解即可。

独立思考、敢于创新。有些设计任务书由于各种原因，制定得可能不够科学，或者只代表一种设计倾向或业主意愿。设计者在解读这类设计任务书时需要独立思考、敢于创新，这样才有可能创造出新的设计方案，取得意想不到的成果。特别是对于竞赛类、招投标类设计任务书，设计者可以发挥自己的聪明才智，从解读设计任务书开始就要用独特的视角理解题意和要求。这样做虽然可能会违背设计任务书的初衷，从而存在失败的风险，但也可能带来意想不到的惊喜。对于课题设计任务书，学习者应按照教学要求解读，但也应强调独立思考，因为课题设计任务书并非绝对正确，可能会有不准确或错误的引导，学习者应具备独立分析的能力，敢于提出疑问，发现不足或错误，这既是成长的过程，也是设计潜能的体现。

5.1.2　造价和技术经济要求

经济性是建筑设计、施工和使用全周期中，设计者、使用者和管理者共同关心的核心要素。设计者在考虑如何控制成本的同时，还需在选址、规划、建筑标准、空间利用、结构设计、材料选择、构造设计、节能、适宜技术、施工方法等多个方面，探索如何以最低的成本获取最大的利益，包括经济效益、社会效益和环境效益。这表明，经济因素是建筑设计中不可忽视的限制条件，有时甚至成为实现设计目标的关键。然而，这并不意味着经济因素完全限制了设计者的创造力。实际上，如果设计者能够从经济角度出发，将限制条件转化为创新动力，那么建筑设计同样能够取得令人赞叹的成就。

经济构思是指在有限的投资和严格的设计条件下，确保实现设计目标的同时，在设计过程中进行精细的成本控制。经济构思的目的是通过对设计各环节的精心规划，实现低成本、高回报。

乡村振兴战略实施以来，农村经济得到了极大的发展，但我们也必须承认，对于那些经济落后且人口数量较大的乡村，并不普遍适合利用以化石能源为主的主动式调节气温的方式来改善建筑性能。例如，四川乐山的里坪村位于地震重灾区，经济较为困难。因此该项目就地取材，利用当地资源作为建材，减少交通运输，以节省能源消耗和节约成本，同时回收附近震后临时建造活动板房的废弃材料，提高材料的利用率（如图5-1）。

图5-1　里坪村小学

5.1.3　设计信息收集

要想使建筑方案设计建立在更扎实的基础之上，就必须获得更多的第一手资料。因为信息量越大，越有利于方案设计的制定。可以采取以下手段进行设计信息收集。

（1）咨询业主

设计工作虽然富有创造性，但归根结底还是为人服务。而要想提供满意的服务，就必须深入了解业主的具体需求。因此在开始设计之前，设计师应该与业主进行充分的沟通，确保双方对设计目标有清晰的认识。

此外，书面的设计文件往往无法涵盖所有建造者需要传达的信息，并且设计任务书的编制者可能是专业人士，也可能是非专业人士，其文件的质量参差不齐。特别是那些只有初步意向而缺乏具体目标的设计任务书，以及非专业人士制定的设计任务书，往往需要设计师参与完善。因此，设计师需要深入了解业主的意图和详细要求，并提出合理的建议，以获得业主的共识和认可。这样可以减少设计过程中因业主频繁变更想法而导致的不必要的重复工作，甚至是无效的返工。

由于业主水平有限，或者出于自身利益的考虑，可能会对设计任务书提出一些不合理的条款，如违反国家规范、不符合规划条件、忽视环境质量、过分追求经济效益、过分强调形象工程等。此时设计师需要在坚持原则的同时，向业主做好解释工作，以确保设计任务书的科学性和可操作性。

设计师不可能精通所有类型建筑的每个房间的功能要求，即使是常规房间，业主也可能有特殊的需求。对于那些更具体的要求，如哪些房间需要朝南、需要哪些设备、装修标准、房间大小等，只有通过咨询业主才能获得相关信息。

咨询业主的方法主要包括以下几种。

第一，持续沟通。设计师在阅读设计任务书后，应将所有不清楚、有疑问或有歧义的问题记录下来，并制定咨询计划，以便业主能够逐一解答，从而提高沟通效率。然而，咨询并非一次性活动，随着设计的深入，可能会遇到任务书中未明确的问题。这时，设计师应根据当前阶段遇到的问题，再次整理咨询计划，并与业主沟通，以获得更明确的指导。即使在设计后期，也需要业主对具体问题提供明确的意见。整个设计过程是设计师与业主紧密合作的过程，业主提供想法，设计师提供专业技能，共同实现设计目标。仅依赖设计任务书而缺乏与业主的沟通，这种闭门造车的做法是不可取的。这不仅表明设计师的服务意识不强，而且可能导致设计成果无法满足业主的期望。

第二，坚持原则，平等交流。在咨询业主的过程中，设计师可能会遇到各种类型的业主。首先，设计师应保持谦逊，以真诚赢得业主的信任。要理解业主作为投资方，他们有权利根据自己的利益考虑问题。只要业主的要求合理，设计师不应因担心工作量而拒绝。设计师还应主动帮助业主完善设计任务书，这种互动的咨询方式往往可以为后续的合作打下良好基础。其次，当设计任务书中存在不合理之处时，设计师应在了解业主意图后，通过平等讨论的方式来帮助业主认识到这些要求的不合理性。即使设计师有充分的理由，也应以商量的语气提出设计任务书中的不合理之处，以便业主在理解后能够接受。最后，如果设计任务书明显违反了国家规范或规划要求，设计师在咨询业主时应坚持原则，劝说业主遵守法律法规。如果业主坚持己见，设计师应建议业主通过正规程序办理相关手续后再进行设计，而不是无原则地迎合业主的不合理要求。

（2）现场踏勘

设计项目需要具体落实到指定的地块上，因此在设计之前，设计师需要亲自进行现场踏勘。现场并非孤立存在，其内外环境包含许多可能影响设计的因素。只有设计师亲自去到现场，才能真正体会空间感受。

设计师进行现场踏勘的目的是收集尽可能多的环境信息和感性认识，主要包括：观察场地的地形地貌，了解是否平坦或有起伏，以及是否有需要保留的现有元素，如建筑、植被、设施等；考察场地周边环境，识别周边的建筑、水体、道路、绿化等环境因素，以及它们对场地可能产生的影响；注意周边道路上的人流和车流，以及活动模式；询问场地周边的市政基础设施，如水、电、气等的供应情况，以及可能的接入点；了解场地的地质条件，如是否有地下河流或沟渠，以及它们的具体位置和走向；注意场地是否有高压线经过，以及其电压等级、高度和走向。如果有必要，还可以扩大踏勘范围，查看周边的城市公共设施，如文化、交通、服务设施等。

设计师在现场除了核对地形图，还应亲身感受环境的空间、尺度和氛围。

这种直观感受对于后续设计工作，如布局和体量控制，都具有参考价值。在踏勘过程中，设计师要善于提出问题，这有助于获取更多隐性信息。设计师应利用现场踏勘的机会进行设计构思，在现场尝试对设计方案进行初步构思，甚至在脑海中构建一个虚拟的设计目标，并将其置于现场环境中，与现实情况进行比较，这可能会激发设计师的设计灵感。

（3）调查研究

建筑设计的核心是满足人的需求，因此当设计师接受一个新的设计项目时，他们应该深入用户群体，认真听取他们的需求。用户多种多样的需求可以为设计师提供宝贵的参考，有时甚至对设计至关重要。

建筑设计不能脱离实际，设计师要想在设计过程中拥有发言权，进行有针对性的设计，就必须尽可能多地收集一手资料，并站在用户的角度思考问题。此外，设计师的视角和知识是有限的，包括对不同生活体验、专业知识和行业管理方式的理解。只有通过不断的学习和咨询，设计师才能获得设计任务书之外的、新鲜的、广泛的信息。收集的信息越多，设计师的工作就越有针对性，设计成果也就越有深度。

针对不同的信息获得渠道和信息内容，我们可以采取如下几种调查研究方法。

第一，走访调查。设计师应该掌握各种类型建筑设计的基本原理，这是从事建筑设计工作的基础，但这并不意味着他们能够熟练掌握每种类型的建筑设计操作。因此，设计师需要实地走访调查用户，了解他们是否有超出设计原理之外的特殊需求。例如，当设计经济适用的中小户型住宅时，不能简单地套用普通住宅的设计模式，必须先深入了解这类居民群体的生活水平、经济状况、人口结构、家庭职业等。通过走访调查，设计师会发现用户可能希望在有限的空间内合理布局生活空间，避免不必要的交通面积，还可能希望厨房和卫生间设计得紧凑有效，客厅设计得宽敞明亮（如图5-2）。特别是对于生活水平不高的家庭，他们可能需要有足够多的地方存放杂物，最好能有一个储藏室。而当设计豪华住宅时，则需要依照不同的布局方式和功能分布（如图5-3）。总之，走访调查工作做得越深入细致，对提高设计方案的深度就越有帮助，同时也可以体现设计师以人为本的设计理念。

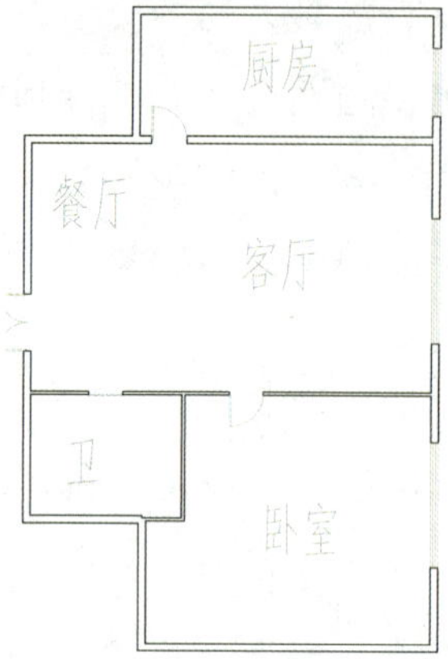

图5-2　经济适用房平面图

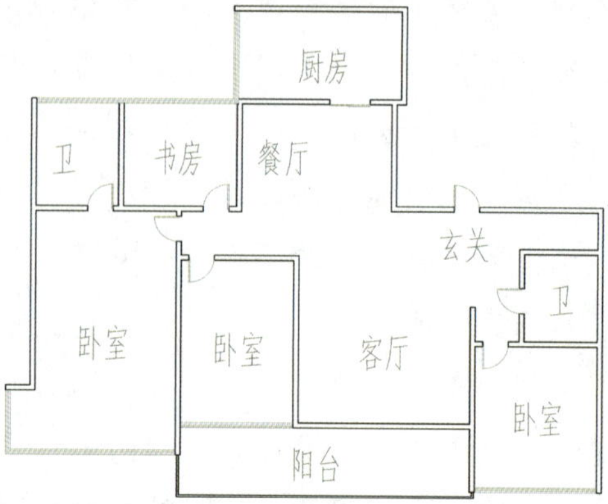

图5-3　豪宅大平层平面图

第二，体验调查。建筑设计不仅仅是一项技术工作，它同样需要设计师具备丰富的生活体验和敏锐的观察力。设计师应该尽可能多地参与社会生活的各个方面，从中获取书本上无法获得的知识和信息。例如，如果要设计一个机场项目，而设计师从未亲身体验过机场的环境或乘坐过飞机，那么设计工作的开展将会非常困难。因此，积累生活经验、积极参与各种生活体验是做好设计方案的基础。设计师应该主动进行实地体验，这样才可以直观地感受信息，更容易理解设计的实际需求。例如，在设计服装专卖店时，设计师可以在店内实际工作一段时间，体验店员的日常工作，了解他们对店铺设计的需求。通过这种体验，设计师可以更深入地了解开放销售的特点、货架的布置、名牌服装的展示方式、灯光配置，以及店主和店员对室内设计的具体要求。此外，通过观察顾客在店内的行为和反应，设计师可以了解顾客如何被吸引，以及购物环境如何能满足顾客的需求，并思考如何在设计中利用这些第一手信息。所有这些亲身体验都将加深设计师对项目的理解，并使设计工作更加得心应手。

第三，问卷调查。当设计师面对需要满足广泛用户需求的项目时，为了提高调研效率，可以采用问卷调查的方式收集大量信息。虽然收集到的意见可能五花八门，但通过统计分析可以得出具有普遍性的结论，为设计提供参考。设计调查问卷时，应确保问题与设计紧密相关，表述清晰，题型应以选择题为主，可以适当包含一些开放性问题，但总体题量不宜过大，以免给填写者带来过多负担。此外，问卷调查的对象应具有针对性，选择与设计项目目标用户相关的人群。

第四，实例调查。例如，在调查剧院大厅时，设计师会注意到主楼梯的位置选择和设计方式，此时设计师需要探究它为何要放置在那个位置，为何选择将楼梯的侧面而非正面面向观众展示，以及哪种设计方式更能突出楼梯的造型之美。此外，楼梯的起始踏步是如何设计的、它如何处理人流导向，以及楼梯下的空间是如何处理的、这些设计有什么优点，还有楼梯栏杆有何独特之处。再例如，关于观众厅的座椅设计，如何巧妙地解决众多椅腿带来的清洁难题。观众厅的内部设计又是如何巧妙地结合了声学要求和视觉美感。虽然这些设计手法的学习和研究可能不会立即对当前的设计项目产生影响，但它们是非常宝贵的知识和技能的积累，实例调查应该成为设计师的职业习惯。

（4）阅读文献

评价设计成果的优劣不仅取决于设计师对本专业技能的掌握，还取决于其对跨学科知识的广度和深度的掌握情况。建筑设计是一门综合性学科，涉及的知识面非常广泛，需要融合多学科的知识和理念。如果只依赖建筑学本身的知识来解决设计问题，那么设计成果往往只能达到平均水平。只有通过广泛阅读相关文献，将跨学科的知识融入建筑设计实践中，设计水平才能提升到一个新的高度。例如，在设计幼儿园建筑时，除了应用建筑学知识，设计师还应该阅读幼儿生理学、心理学、卫生学、教育学、管理学等领域的文献，了解幼儿的身心发展需求，以及这些需求对建筑设计的具体要求。设计师只有将创造适宜幼儿成长的环境作为设计的核心理念，才能在整体和细节上都做到精益求精，从而实现以人为本的设计理念。

此外，一些专业的文献资料，如建筑设计原理和规范，也是值得一读的。它们可以作为设计指导或规则，对设计师的工作起到规范作用。如果掌握这些知识，就可以减少设计中的错误，提升设计质量。

《建筑设计资料集》是设计师的重要工具书，它不仅包含了设计师需要掌握的所有知识，还涵盖了一些边缘学科。这些资料对于提升设计师的理论和创作水平具有重要的指导意义。因此，每位设计师都应该结合具体的设计项目，经常查阅这些资料。

总之，广泛阅读相关领域的资料和文献有助于设计师突破专业局限，站在更高的层次上进行设计。

(5) 研读他人案例

研读他人的设计案例并不是简单地模仿或抄袭，而是从中吸取有益的经验。即使是局部的优秀设计元素也能激发设计师的灵感，尤其对于初学者来说，这是一种很好的学习方式。需要注意的是，研读案例时要深入理解设计的布局和手法，对优秀的设计要仔细分析，对不足之处也要探究其原因。同时，通过研读案例的平面图、立面图和剖面图，可以培养对空间的深刻理解。这些通过研读他人案例所获得的知识，一方面可以为即将开始的设计提供参考，另一方面也可以作为长期记忆，随时可以调用。

5.1.4 设计条件分析

上文所述的设计文件解读与设计信息收集仅仅是获得第一手设计资料，这些设计资料往往是杂乱无章的，设计师还需要对其进行一番分析和处理，目的是摸清设计的条件，为设计起步和之后的设计过程寻找充分的依据。

(1) 外部条件分析

外部条件分析是指把用地及其周边环境（包括现状条件、自然环境、人文环境等）作为设计的外力，由外向内考察制约设计的因素，从中得出个别环境因素对设计的指导性要求或某些限定。

城市规划条件分析。城市规划设计条件是由城市规划管理部门依据法定的城市总体规划，针对具体地段、具体项目而提出的规范性条文，目的是从城市宏观角度对建设项目提出限定和要求，以保证城市整体环境的良性运行与发展，主要内容包括：后退红线限定，为了满足与地段相关的城市道路、市政管线的正常通行，以及与相邻建筑的消防间距、日照间距和通视间距的要求，限定新建建筑后退用地；用地红线的距离，它是该建筑的最小后退红线指标；建筑高度限定，即建筑有效层檐口的高度限制，它是该建筑的最大高度；容积率限定，即地面以上总建筑面积与总用地面积之比，它是该用地的最大容积；绿地率要求，即用地内有效绿化面积与总用地面积之比，它是该用地的最小绿化指标；停车量要求，即用地内停车位总量要求，它是该项目的最小停车量指标。

建设法规和设计规范。建设法规和设计规范是为了保障建筑的质量水平而制定的，设计师在设计过程中必须严格遵守这一具有法律意义的强制性条文。对方案设计影响最大的规范有日照、消防、交通规范，以及建筑设计类型通则等。

从用地周边道路状况的分析中可以了解不同级别道路的性质、车流量大小、人流方向与强度。这一分析结果将对设计的起步及整个设计过程产生决定性影响。

从日照分析中可以了解周边建筑对用地产生的阴影影响，以及拟建建筑对周围建筑的日照影响。这一分析结果将影响总图的布局和建筑的节能设计。

从常年主导风向的分析中可以构建出污染源布局的合理构想。

从城市景观的分析中可以提出控制建筑布局、体量、高度的思考。

从景向分析中可以为主要房间的定位找到最佳方向。

从文化传统的分析中可以了解某一建筑风格的历史沿革，为建筑的形式创作提供借鉴。

从朝向分析中可以获得建筑总体布局的大体意向。

从气候特点分析中可以提出建筑布局最理想的方式，以及建筑的平面、形体、材料等的最佳选择。

从地貌的分析中可以考虑哪些现状可以予以保留，或者加以改造利用，哪些因素可以拆除。

从场地上空，如高压线的现状分析中可以思考有效回避或迁移设想。

从地下，如暗河、暗管、填埋池塘等的调查中可以引起注意，并在规划中提出对此采取的有效解决措施。

根据不同设计项目所处的环境条件，可能还有许多其他外部条件因素需要设计师加以分析。虽然并不是每一个建筑设计都需要做出全面的分析，但是尽可能详尽地分析每一个外部条件的利弊，能够为设计师的设计工作带来更大的主动性。如果某一个外部条件没有被分析到，那么其所带来的设计矛盾迟早会在设计过程中暴露出来，这将直接影响甚至干扰设计工作的进展。

（2）内部条件分析

内部条件分析是将设计任务书中对设计对象的若干规定，如房间组成、面积及设计要求等进行系统分析的一种方法，它是由内向外制约设计走向的因素，以此决定功能布局原则、空间组织方式、形体构成形式及综合处理内部各种设计矛盾的方法等，最终引导设计过程向实现设计目标的方向发展。内部条件分析主要侧重对功能的分析和对技术要求的分析。

第一，平面功能分析。平面功能分析的目标是将设计任务书中列出的各个房间合理地组织成一个有条理的、紧密相连的功能整体。构建这一功能整体首先要求设计师运用逻辑推理的方法进行概念化和图示化。在这个阶段，设计师关注的焦点不是单个房间的具体平面形状或尺寸，而是房间之间的相互布局关系。设计师通过逻辑推理明确所有房间的相互关系后，通常会使用气泡图这种抽象的符号来代表各个房间，并通过线条来展示它们之间的联系，这就形成了功能分析图。对于规模较小的建筑，这样的功能分析图相对简单。而对于规模较大的建筑类型，功能分析图就会相对复杂。

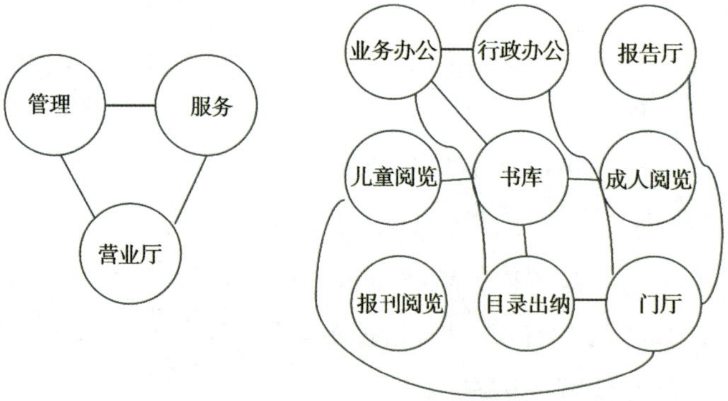

图5-4　小茶室（左）与图书馆（右）的功能分析图

虽然图5-4展示了房间之间的功能联系，但它本身还不足以作为建筑设计的依据。这一步骤主要实现了两个目的：首先，它将抽象的概念转化为可视化的图形，有助于设计师直观地评估图形，并将视觉信息转化为大脑的思维活动，从而推动思考的深入；其次，它初步展示了房间之间的关系网络。然而，从这个关系网络中我们可以看到，功能关系还显得较为混乱，需要进一步调整功能分析图中各房间的位置，以便使连接线更加清晰，从而提供一个更加明确的功能分析图。此外，还需要明确每个房间的相对尺寸，以及它们之间关系的紧密程度和方向，以便更好地理解房间之间的关系和排列顺序。房间的大小可以用相同的比例尺大致绘制，而房间之间的关系紧密度可以通过线条的粗细来表示。粗线代表房间之间的联系较为紧密，细线则表示联系较为松散，箭头则用来指示房间之间的顺序关系。这种图被称为框图，它在功能分析方面更接近建筑设计的实际需求。例如，图5-5所示的平面功能分析图就比图5-4更加清晰易懂。同时，框图也暗示了在后续的设计阶段中，为了避免流线交叉，各个房间应该处于一个合理的定位关系中。

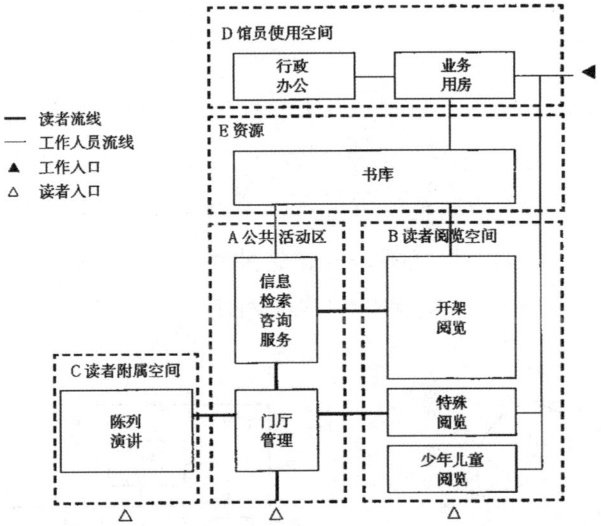

图5-5　图书馆功能分析图

需要强调的是，功能分析图不仅仅是分析房间之间的相互关系，更重要的是它考虑了人的行为模式，根据人们在房间之间的活动规律来安排房间。这是一个关键的考虑点，否则设计师可能会错误地将房间布局视为机械式的排列和面积计算。

然而，对于包含数十甚至上百个房间的复杂建筑，如果一开始就尝试逐一进行详尽的分析，设计师可能会感到不知所措，难以全面顾及。面对如此多的房间，设计师很难立即理解它们之间的内在联系。而一旦设计师深入单个房间的功能性分析，则可能会过于关注细节而失去对整体的把握，这违反了系统思维的原则。因此，分析的关键在于首先从功能分区开始，明确这些房间是否可以归类为几个功能相近的区域。通常来说，房间再多也可以被归纳为使用、管理、后勤等三大功能区，这3个功能区之间的关系显然比单独分析众多房间的关系更为清晰。然后，在此基础上进一步考虑每个功能区内是否可以细分为更小的功能区。这种方法可以被称为细胞裂变法（如图5-6）。这种方法的优点在于：一是简化了复杂问题，避免了过分专注于单个房间的分析而忽视整体；二是确保在分析时不会将一个区域的房间错误地归入另一个区域；三是各区域内房间的多样化排列不会影响该区域与功能区之间的既定关系。

图5-7展示了住宅的两大功能分区的框图，清晰地描绘了公共区和隐私区的功能布局。尽管公共区中的客厅、餐厅、厨房可能有多种不同的组合方式，但设计师不会，也不应该将餐厅分析为属于隐私区，也不会将属于隐私区的小卧室分析为属于公共区。如果不是按照这种程序进行分析，那么即使房间之间可能保持一定的联系，但也可能会出现大的功能布局不合理的问题。

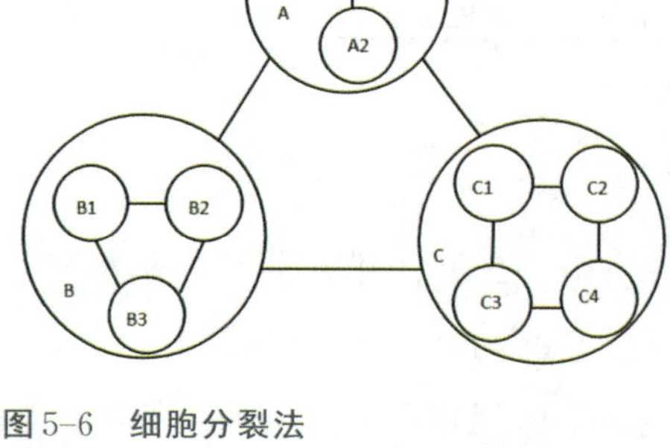

图5-6　细胞分裂法

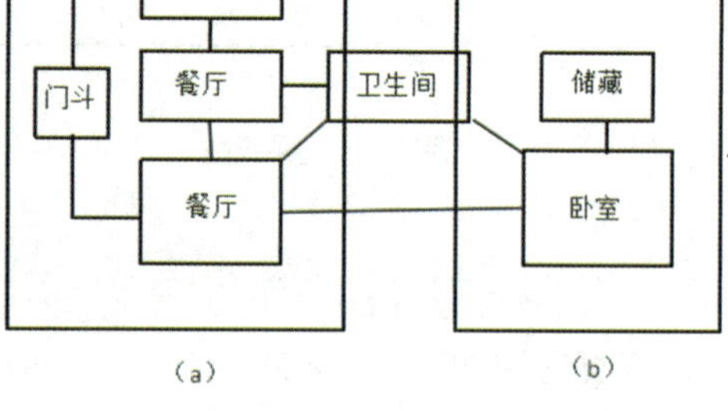

图5-7　功能分区——公共区（a）、隐私区（b）

第二，竖向功能分析。由于大多数建筑不止一层，很多房间必然会分布在不同的楼层上。因此，在进行平面功能分析之前，设计师需要先进行竖向功能分析。

根据使用对象的性质，公共使用的房间通常位于较低楼层，而为特定群体服务的房间则会位于较高楼层。进一步细分，使用人数较多的房间应放在较低楼层，使用人数较少的房间则应放在较高楼层。例如，综合楼包含多种功能房间，这些房间之间通常没有直接联系，因此对这类建筑进行竖向功能分析通常更为重要。一般会将对公众开放的，如商场、餐厅、娱乐设施等按顺序从低楼层到高楼层布局，而将办公室、公寓等放在较高楼层，以确保各功能区互不干扰。

根据功能的动静要求，在某些建筑类型中，存在动静两种不同的使用需求。例如，在图书馆建筑中，人流集中的报告厅、读者停留时间较短的检索处、报刊阅览室、儿童阅览室等房间通常布置在较低楼层，而读者阅读时间较长的阅览室、研究室则布置在较高楼层。

根据服务对象的不同，即使是办公建筑，内部房间也会分为对内和对外两种。通常将接待、管理、后勤等对外服务的房间布置在较低楼层，而将业务办公、领导办公等房间布置在较高楼层。即便是小型建筑，如幼儿园的办公区，如果为两层结构，通常也将对外管理的房间，如门卫、晨检、接待、行政办公、会计等放在一层，将教师办公室、园长办公室、会议室、资料室等放在二层。

根据房间使用频率。在一座建筑中，不同房间的使用频率各不相同。一般而言，使用频率高的房间应放在较低楼层，使用频率低的房间则放在较高楼层。例如，在中小学教学楼中，普通教室应优先布置在下面几层，而音乐教室、美术教室、计算机教室，以及各类实验室等不常使用的房间则可以布置在上面几层。

根据流线组织。在交通建筑中，为了避免人流交叉干扰，需要通过合理的竖向功能分析来组织房间布局。一般将到达旅客使用的房间，如入口大厅，布置在较低楼层，而将候车（机）厅等乘车（机）离去旅客使用的房间布置在较高楼层。

根据结构合理性。在低层建筑中，如果房间的平面和空间尺寸差异较大，那么大房间通常被布置在顶层，这样可以方便调整柱子的位置，层高也可以不受主体建筑层高的限制。

根据楼层荷载。在有众多仪器设备的建筑中，楼层的荷载差异很大。为了确保建筑物的稳定性，通常将有重型设备或重型设施的房间布置在一层或较低楼层，而将设备、设施较轻的房间布置在较高楼层。

当然，根据不同的条件，可能还有其他不同的竖向功能分析方法。上述原则并非一成不变，在不同条件下可能会有不同的安排。例如，餐饮类房间通常建议放在较低楼层以吸引顾客，但在一些高档酒店中，它们有时被放在顶层，以提供更好的景观视野。因此，设计师需要根据具体情况进行具体分析，这就需要设计师具备丰富的经验和敏锐的判断力。

第三，房间使用要求分析。每座建筑都由众多房间组成，每个房间的设计需求各有差异。设计师在理解设计任务书和分析建筑内部条件时，必须清楚地了解这些差异。只有这样，在进行平面布局设计时才能做到有的放矢。例如，住宅中的客厅和主卧室虽然都最好朝南，但客厅需要宽敞并和餐厅相连，而主卧室则需要封闭以确保隐私；展览馆的展厅需要避免直射阳光，休息区则应明亮；火车站的候车大厅应有较高的空间，而服务房间的空间则可以相对较低；风景区的茶室应朝向景观最佳的方向，不必过分考虑朝向；中小学的教室应南北朝向，以确保良好的采光和通风；厕所、楼梯间可以不占据最佳朝向，可以设在东西朝向；电教建筑中的录音室和演播室需要防震、隔音、防尘和恒温，而候播室、化妆间和服装间则没有这样严格的要求；银行建筑的金库需要被内部房间包围，做到空间封闭，以确保安全，而营业大厅则应面向城市空间，内部应明亮宽敞；观众厅需要良好的视野和听觉效果，舞台的尺寸必须满足演出需求。即使是相同类型的房间，在不同类型建筑中的使用要求也可能不同。例如，图书馆中的阅览室需要安静的环境，而在俱乐部建筑中则不需要如此严格的安静条件。因为前者是用于学习和研究的阅读，后者则是休闲和娱乐的阅读。性质不同，功能要求自然也不同。

当遇到有特殊需求的房间时，设计任务书通常会明确指出。但是对于大多数常用房间的功能要求，则需要设计师依靠日常的生活经验和对各类房间使用要求的了解，以便在设计中实现对这些功能的满足。

5.2 设计构思与方案优选

前文讨论的设计前期准备工作，包括解读设计文件、收集设计信息和分析设计条件，都是开始具体设计前不可或缺的步骤。这些步骤的目的是在设计初期就识别和理解可能影响设计过程的各种因素，从而在开始设计时能够有明确的目标和计划。充分的准备可以确保设计方案的探索方向明确，构建过程可行。当进入方案设计的探索阶段，这才是建筑设计中至关重要且最具挑战性的时期。这个阶段的每个环节，如概念构思、设计启动、方案发展、方案比较、方案综合和方案构建，都直接影响设计成果的质量和发展方向。创造过程的起始阶段总是最为艰难，并且在整个设计过程中保持正确的设计方向也绝非易事。然而，只要设计师能够不断激发创作热情，发挥创造力，掌握正确方法，熟练运用技巧，经历一番努力探索之后，一定可以形成初步的设计方案，设计目标也将随之变得更加清晰。

在完成设计准备工作之后，设计师还需要在准备工作的基础上确定设计的总体思路和预期的最终目标，这就是初步的概念和构思。为了避免设计过程中的盲目性和随意性，更为了确保最终设计成果的独特性和创新性，设计师在开始具体设计之前，必须对创意进行深思熟虑。换句话说，优秀的建筑设计总是源于丰富的想象力和不断的构思。特别是在设计初期的概念和构思阶段，其开拓性质对于实现设计目标和展现设计成果的独创性至关重要。因此，准确的定位和独特的构思常常是杰出建筑创作的起点。

5.2.1 设计构思

构思并不是常规的思考模式，也不同于无目的的随意想象，或者无拘无束的幻想。它是围绕设计意图，运用独特且富有表现力的建筑表达方式，创造性地发挥想象力的过程。这个思考过程需要始终贯穿设计的每个阶段，以确保建筑创作的连贯性和完整性。换句话说，构思是建筑设计的核心。

构思的精髓在于创新，即在满足设计条件的基础上，捕捉创新的灵感，并在可实施的前提下，提出与众不同的新颖想法。一些设计师错误地认为只要在建筑形态上追求新奇，如采用解构主义、玩弄形式、附加符号或装饰外表等故作玄虚的设计手法，就等于有了一个出色的构思。虽然建筑形态最容易展示设计师的巧妙构思，也最能吸引人们的注意，并且确实是建筑设计中需要精心打磨和强调的一个方面，但一个好的构思不应仅仅局限于对形态的迷恋，而应该是对设计对象的环境、功能、形态、技术、材料、文化等各个方面进行深入综合考量的结果。我们可以通过以下几个途径来拓展构思的广度。

（1）环境构思

建筑总是处于特定的环境之中。从细节层面来看，环境包括影响建筑的各种因素，如地形、地貌、道路、广场、绿化、水体、现有建筑、历史遗迹，以及阳光和空气等。从中等范围来看，建筑需要与所在的城市环境相协调。从更广泛的角度来看，建筑受到所在地区的自然环境和文化环境的直接影响和间接塑造。这3个方面作为设计条件的同时，也能为设计构思提供灵感，其关键在于设计师是否能够敏锐地捕捉到环境中的创意火花。因此，在某种意义上，环境是建筑设计构思的灵感来源，是激发设计师创造力的关键。如果建筑所处的环境条件极具挑战性且特色鲜明，而设计师却忽视了这些条件，那么建筑设计就会失去根基，也就无法创造出具有创新性的作品。

约翰·汉考克大厦位于美国波士顿历史悠久的科普利广场一隅（如图5-8）。广场周围有19世纪末建成的著名的三一教堂、波士顿公共图书馆和旅馆，整个广场充满了波士顿市民熟悉和喜爱的氛围。为了使新建筑与广场环境和谐融合，贝聿铭将大厦设计成平行四边形和直角三角形的平面结构，其斜边朝向广场，东侧则留出三角形的入口广场，使人们在广场上能够欣赏到三一教堂的完整景观。同时，为了减少新旧建筑在外观和风格上的冲突，贝聿铭采用了全覆盖的镜面玻璃设计。其设计思路是利用玻璃幕墙的反射效果，以柔和的灰蓝色调反映周围环境、建筑和天空，使这座60层、241米高的大厦仿佛融入天空，时隐时现。而面对教堂的玻璃幕墙则通过反射作用，使古典教堂与现代建筑相映成趣，新旧建筑和谐共存。

图5-8　约翰·汉考克大厦

美国华盛顿国家美术馆东馆坐落在一块梯形的用地上，是西侧紧邻的美术馆西馆的扩建部分（如图5-9、图5-10）。首先，贝聿铭从基地环境构思出发，着重解决东馆如何与这块形状怪异的用地很好结合起来。他根据东馆的功能要求，把基地一分为二，形成了一个等腰三角形和一个直角三角形。前者是展览馆，后者是视觉艺术高级研究中心，并以等腰三角形的对称轴对准西馆的东西向轴线。这样，贝聿铭就天衣无缝地裁剪了这块令人难以下手的梯形基地，并使东西两馆合为一体。其次，为了使东馆与国会大厦前林荫广场周边若干公共建筑巨大的、纪念碑式的尺度相顺应，贝聿铭基于地形的环境条件，对东馆的形式处理采取了三角形构图，以极其简洁的体块和采用与西馆同样的田纳西大理石外墙材料，取得了整体上的和谐有机。

图 5-9　美国华盛顿国家美术馆东馆

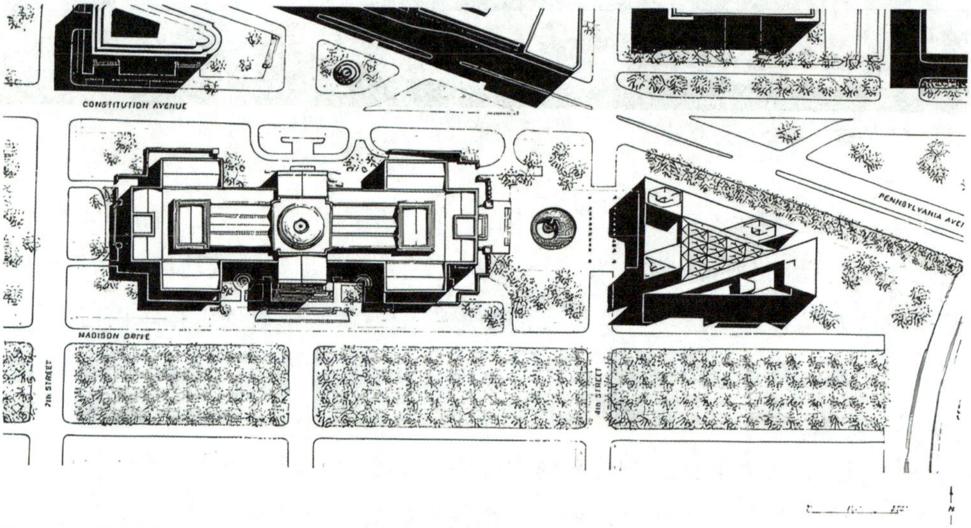

图 5-10　美国华盛顿国家美术馆东馆总图

法国巴黎卢浮宫的扩建项目面临着一个挑战，即如何让新旧建筑在同一环境中和谐共存。贝聿铭巧妙地将新增的5万平方米空间全部置于地下，只在原有建筑群的中心广场上建造了一个32米边长、20米高的玻璃金字塔作为地下空间的入口（如图5-11）。这样的设计不仅保护了古老建筑群的原有环境，还为这个旧环境增添了新的光彩。

图5-11　法国巴黎卢浮宫

从贝聿铭的这3个杰出建筑作品中我们能够看出，建筑与其所在环境之间存在着复杂的相互依赖关系。因此，在进行环境设计时，需要妥善处理建筑与天空的协调、建筑与周围环境的互动，以及建筑与地下空间的连接等3个关键的整合要素。

建筑物不仅存在于特定的用地环境中，而且也融入了特定的城市环境之中。在某些情况下，环境设计需要从城市环境的要素中汲取灵感。贝聿铭的收官之作苏州博物馆新馆是现代建筑与古城风貌和谐共融的又一典范（如图5-12）。贝聿铭以“不高、不大、不突兀”的理念为指导，摒弃了传统博物馆庞大而集中的设计方式，从苏州特有的城市环境出发，采用了庭院式布局，并巧妙地设计了富有创意的山水园林，以保持古城原有的纹理和风格。在此基础上，贝聿铭深入挖掘苏州民居屋顶的高跨比例和尺度的共性，将屋顶的三角形和四边形等几何形状与空间设计巧妙结合，创造出既与周围传统民居屋顶相协调，又独具匠心的多种屋顶样式。此外，新馆的色调也采用了传统的灰黑色屋顶和白色墙面，进一步彰显了老民居的古朴韵味。馆内随处可见的镂空窗洞、精心布置的景观、人字形的廊顶、粉墙与竹影等细节，无不透露出苏州古城的灵动气息。贝聿铭在设计新馆时充分考虑了苏州这座历史文化名城的整体环境，没有盲目追求成为城市地标的潮流，而是让新馆谦逊地融入了旧城之中。

图 5-12　苏州博物馆新馆

建筑设计在自然环境中与在城市环境中有着本质的不同，这主要是因为两者所面临的环境条件截然不同。我们必须将建筑视为大自然的一个组成部分，并与之和谐相处，而不是试图支配它。这就要求设计师从宏观环境的角度出发，从一开始就确定正确的设计方向，并妥善处理建筑与自然环境之间的关系，只有这样才能创造出优秀的设计作品。

伦佐·皮亚诺在新喀里多尼亚首府努美阿设计的特吉巴欧文化中心可以被视为宏观环境设计构思的典范之作。在设计初期，伦佐·皮亚诺被新喀里多尼亚岛国的蔚蓝太平洋、挺拔的松树、清晰的岛屿天际线、和谐的生态系统，以及当地文化的核心——神话所吸引，并从中汲取了丰富的创作灵感。首先，他从当地的棚屋中获得灵感，提炼出木肋结构的设计，这种设计不仅与原始棚屋有着相似之处，而且通过廊道连接的3个村落，共10个圆形棚屋排成一线，仿佛是对海洋和天空的回应，在蓝天碧水的映衬下展现出舞蹈般的形态，这正是卡纳克斯文化最典型的表现形式。针对岛屿炎热的气候，伦佐·皮亚诺采用了被动制冷系统。他将棚屋设计成开放式的外壳，引海风进入室内，并利用天窗百叶的开合进行机械调节，以改善室内的风环境。特别是当风穿过开放式外壳的木肋时，会产生一种独特的声音，这正是卡纳克斯村落和森林的声音。此外，为了减轻海风的影响，木肋之间的水平构件和倾斜的屋顶设计有助于减轻高处风力对建筑物的影响。伦佐·皮亚诺从自然环境的角度出发，不仅在功能、形式、技术和材料上完善地解决了建筑与自然环境和谐共生的问题，还通过这种方式表现了当地的传统文化，使得特吉巴欧文化中心成为人文环境的一部分。

（2）平面构思

建筑平面本质上是对建筑功能的图示表达，同时又是对空间内外形态、结构、整体系统等诸多设计要素的暗示。因此，设计师不能将解决建筑设计的功能问题看成是轻而易举的事情，或者认为只要有一个建筑形式的大框架就可以任意将建筑功能填塞进去。设计师如果持有这种设计观念，就无法认识到平面构思在建筑创作中的独特作用。这是因为建筑设计的诸多因素（如环境、功能、形式、技术等）是一个整体系统，不能将其中任一个设计要素单独地从系统中割裂出去进行思考，而是应该以某一设计要素为构思出发点，综合其他设计要素进行建筑创作。当然，这个建筑创作过程不会一帆风顺。总之，轻视平面功能设计是在设计观念上对建筑设计本质的误解，在设计方法上也是失当的，会导致建筑创作失去了一种重要的构思渠道。

以顺应功能演变为目的进行平面构思。在建筑设计中，满足平面功能要求是建筑设计的基本目标之一。但这仅仅是屈从于因袭的现实功能要求，而抛弃了创造性，至多算是在平面形式上追求一些变化而已。然而，功能问题实质上是反映人的一种生活方式，不同建筑类型的功能要求反映着人的不同生活秩序与行为。而人的生活模式不是固定不变的，随着社会的发展、科技的进步，人的生活方式也会随之发生变化。因此，设计师不能只满足于把功能处理得较为完善和舒适，不能停留在能动地去适应功能的要求，而是需要发挥建筑创作的主观能动性，即要在平面构思中去创造一种新的生活方式。

例如，在旅馆建筑平面设计中，门厅曾一度作为纯粹的交通枢纽、办理入住手续、休息等候等功能场所。因此，门厅平面设计为适应上述旅馆功能的要求，一般面积不大，功能也不必过多，平面所反映的内部空间形态也较为紧凑。但是这种国际式旅馆及其门厅的设计模式由于缺乏人性和激情，不能满足人们日益增长的精神功能要求，逐渐被人们所厌倦。江苏无锡凯宾斯基酒店从建筑平面构思上进行了大胆突破，创造出一种多用途中心——中庭（如图5-13)。它既是交通的枢纽，又是人们的活动中心，也是空间序列的高潮，具有多功能特点，并创造出令人激动的环境和氛围，从而完全颠覆了传统旅馆门厅的平面形态，连同空间各要素戏剧化手法的运用，从此开创了旅馆建筑平面设计的新模式。这种新模式很快波及图书馆、博物馆、办公楼等各类公共建筑门厅的平面设计，并风靡世界，沿袭至今（如图5-14)。可见，当由于生活方式的改变而推动功能发展时，将平面构思作为起点进行建筑创作不失为一条重要的渠道。

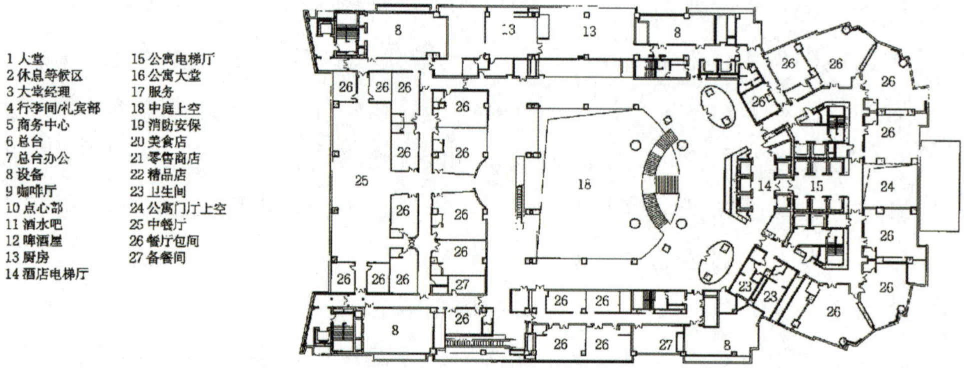

图5-13　江苏无锡凯宾斯基酒店平面图

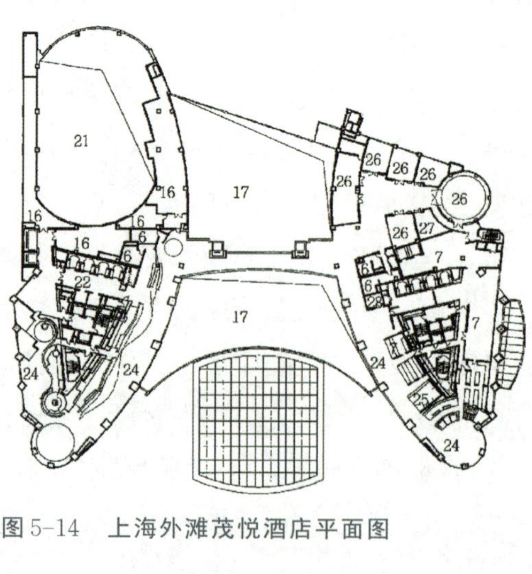

图5-14　上海外滩茂悦酒店平面图

从突破传统平面模式的角度进行平面构思。平面构思的创新并不总是基于功能演变，在许多公共建筑的设计中，即使是设计师已经很熟悉的平面功能，也需要突破传统的平面模式，这种突破往往源于对传统单一平面形式的深入分析。

例如，在教育建筑中，矩形或方形的教室平面被认为是最实用和经济的，但北京四中的教室设计却别出心裁地采用了六边形的平面构思，这种设计是基于学生观看黑板的最佳视角和距离来确定的（如图5-15）。教室后部的3条边围合的平面形态与8.5米的最佳视距控制的弧形相匹配，而教室前部的2条斜边则与视线控制的有效范围基本一致。这表明六边形的平面比矩形的平面更有效地利用了空间，面积利用率更高，而且由于外廊的变宽设计，在教室门口还能为人流提供缓冲区域。多个六边形组合的教学楼不仅创造了丰富多变的形态，还带来了新颖活泼的外观。

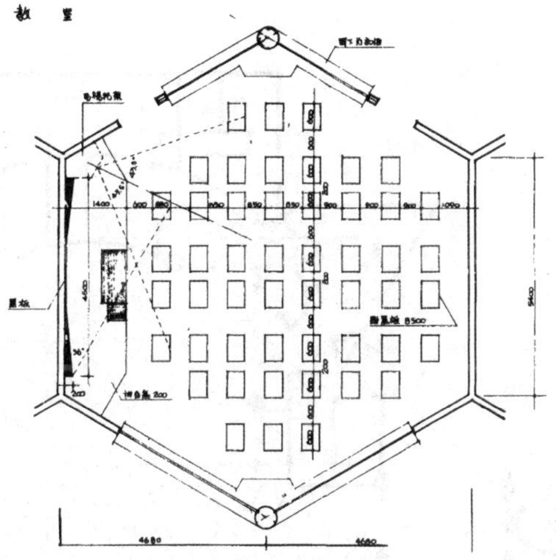

图5-15　北京四中教室平面图

从流线的独特处理中进行平面构思。流线设计是平面设计中对功能布局进行科学规划和合理安排人们活动流程的重要环节，尽管不同类型建筑的流线设计其复杂程度不同，但都必须遵循各自的设计原则。例如，交通建筑的流线应简洁明了、畅通无阻；医院建筑的流线应实现清洁区和污染区的有效分离；法院建筑的流线应避免不同人流的交叉；厨房流线应遵循食物从原材料到成品的加工流程；展览建筑的流线应符合展览的顺序。然而，在遵循上述流线设计原则的同时，设计师也在不断探索一种新的流线处理方法，从而创造出独特的设计方案。

弗兰克·劳埃德·赖特在设计美国纽约古根海姆美术馆时，就是以“最佳展览流线”为出发点进行平面构思的（如图5-16）。他没有采用传统的展览流线设计方法，而是采取了一种创新的设计，即将展览大厅设计成一个高约30米的圆柱形空间，周围是螺旋上升的层层平台，地面以3%的坡度逐渐升高。圆柱形空间的直径从底层的30米逐渐扩大到顶部的38.5米。观众参观时，先乘坐电梯到达顶层，然后沿着坡道向下参观，展览路线全长430米，从上至下，流畅连贯，使观众能够保持连续的观赏体验。这种展览方式颇具特色，并因此创造出了独特的建筑形象。不过，这种设计也有其不足之处，即螺旋形的坡道使得观众始终站在斜坡上观看展品，而展品看起来就像是倾斜悬挂的一样。

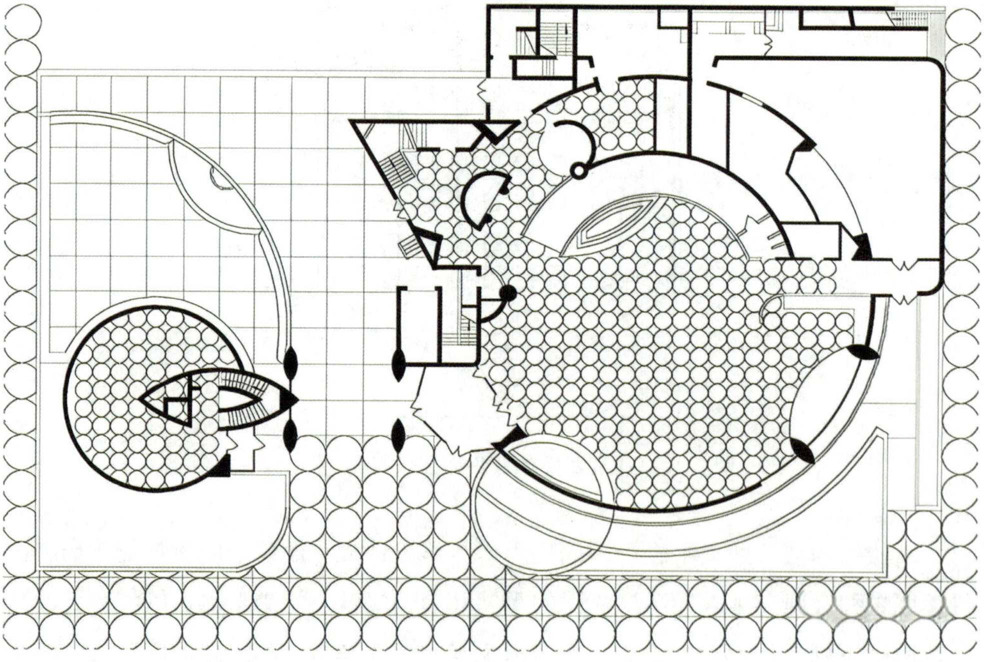

图5-16　古根海姆博物馆平面图

基于运用几何母题的平面构思。在几何学中，最基本的几何形是方形、圆形、三角形，它们都是构图的基础。当它们被运用于建筑设计作为平面单元时，通过对它们进行一定顺序的组织，将多个同等大小或大小不等的几何平面单元组合变化、拼接生长，从而形成具有整体感和韵律感的建筑是新颖平面构思的产物。这种运用几何母题进行平面构思的方式有的是因功能而产生、有的是因环境而产生、有的是因分期建设的要求而产生、有的是在扩建中为保持新老建筑的整体性而产生。但不管是哪一种思路，都应使平面几何形的组合做到严谨而不呆板、丰富又不杂乱。为了进一步增强运用几何母题进行平面设计的表现力，还可以由此引申到剖面、造型，甚至在室内外环境的细部设计中重复使用同一几何母题，以增强建筑整体的统一性，同时又不失变化和趣味。

路易斯·康在美国费城宾州大学医学研究试验中心的设计中，利用方形平面母题创造出具有韵律感的建筑轮廓（如图 5-17）。印度建筑师查尔斯·柯里亚设计的甘地纪念馆则以方形母题围绕水院布局，展现了有机生长的设计理念（如图 5-18）。银川融创城会展中心以圆形作为主体，圆形作为自然界中常见的形状，具有动感和活力，且在建筑过程中可以节省材料和成本（如图 5-19）。丹下健三设计的费萨尔基金会总部办公楼和贝聿铭设计的华盛顿国家美术馆东馆都巧妙地运用了三角形母题，创造出了独特的建筑形象（如图 5-20）。

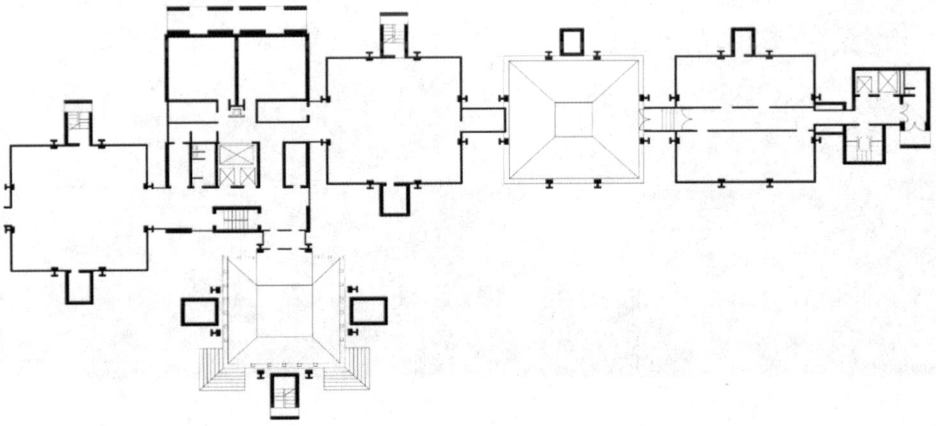

图 5-17　美国费城宾州大学医学研究试验中心平面图

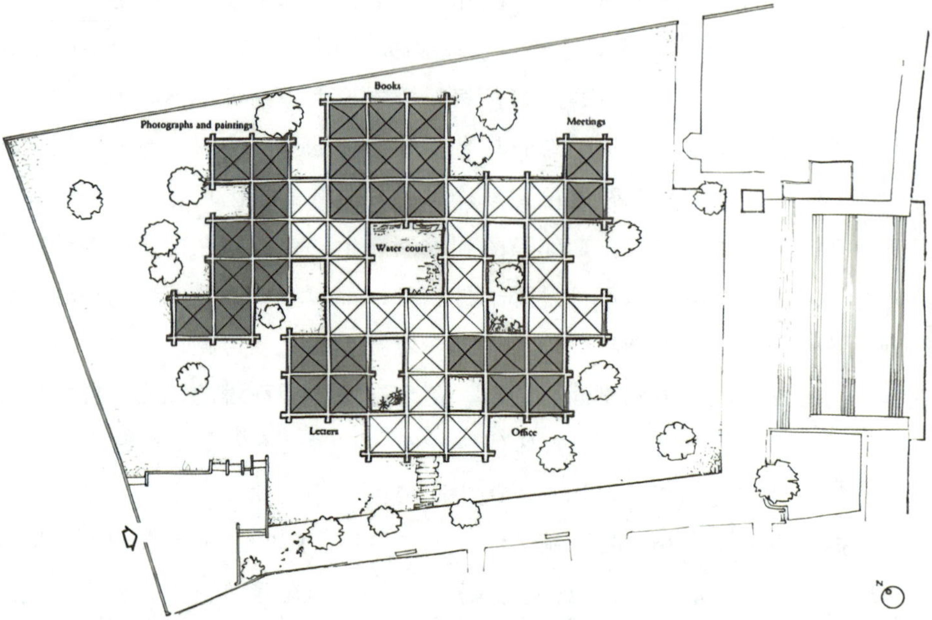

图 5-18　甘地纪念馆平面图

图 5-19　银川融创城会展中心

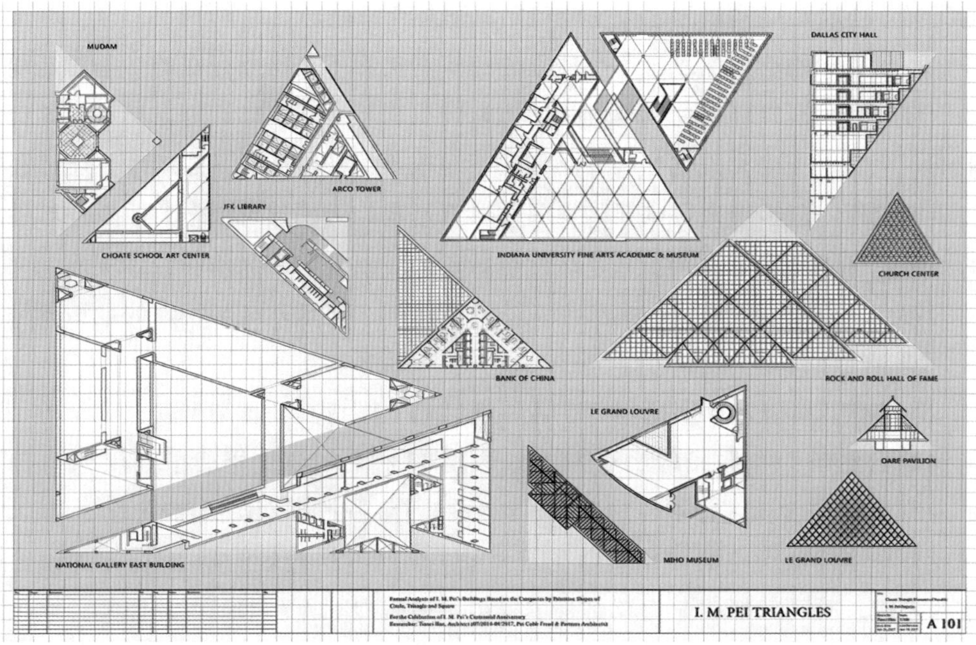

图5-20　贝聿铭建筑设计中对三角形的运用

（3）造型构思

建筑的最终成果通常以其外观形态展现给公众，与艺术作品不同的是，建筑的外观受到环境、功能、技术、材料和经济等多重因素的限制。此外，建筑的外观还必须遵循建筑艺术的规则和美学原则。因此，设计师在追求建筑外观的创新性和独特性时，不能仅仅停留在表面的形式处理上，也不能忽视设计条件的限制，从而陷入形式主义。形式处理手法只是使用设计技巧来处理建筑的形体组合和变化，或者利用符号、外观、结构等手段来实现设计师的主观造型目标。

设计师要想让建筑外观具有深度，就必须为建筑外观赋予概念，即他们所创造的建筑外观要传达什么信息。在开始设计之前，设计师必须清楚自己的建筑造型创作主题和概念。当然，这种建筑造型的创作主题和概念最终需要通过具体的造型处理手法来实现。与那些没有明确造型设计目标而只是单纯玩弄设计手法的做法不同，后者将手法视为目的，而前者则将手法视为实现造型构思的工具。拓展造型构思的途径主要包括以下几个方面。

源于文脉的造型构思。每座独立的建筑其实都不是孤立存在的，它总是与周围环境（从自然环境到建筑群和城市）产生联系。建筑如同刻在石头上的历史书，记录着历史和文化的痕迹。因此，建筑不仅能够展现其连续性，还能在传承的过程中对传统进行创新和发展，这正是我们强调建筑创作要注重地域性的原因。在建筑造型设计方面，这意味着要适应当地的自然条件，体现地域文化的特点，尊重当地居民的生活方式。只有这样，建筑才能与特定的地域相融合，城市的面貌才不会因为建筑形式的单一而显得单调。

印度建筑师查尔斯·柯里亚在孟买设计的干城章嘉公寓造型就充分考虑了当地的自然条件和居民的生活方式。这座85米高的公寓楼，平面尺寸为21米×21米，包含32户、5种户型（3至6室）。每户占据两层或部分两层空间，并设有一个两层挑空的转角平台花园。每户朝西（当地最佳朝向），平面设计东西通透，有利于形成穿堂风。为了避免午后强烈阳光和季风雨的影响，窗户设计得较小，但转角的大阳台让居民能够充分享受孟买港的海景和海风（如图5-21）。这种平面布局非常适合当地居民长期形成的生活习惯，并且适应了当地湿热的气候条件。因此虽然建筑造型非常简洁，但错落有致的转角阳台创造了公寓独特的外观，既时尚又具有印度特色。

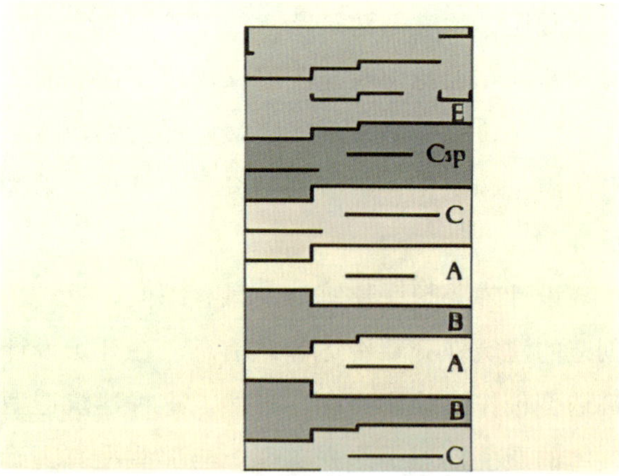

图5-21　印度孟买干城章嘉公寓

源于隐喻的造型构思。建筑具有形象的特征，但它又不能像艺术品那样以直白写实的方式告诉人们自己的形象是什么。限于建筑的复杂性，它的造型若想表达某种形象上的意图，则需要采用一种暗示的方法，以此启发人们的联想，达到与设计师设计意图的心理共鸣，这就是隐喻的造型构思方法，纽约的TWA航空港候机楼和悉尼歌剧院便是隐喻造型构思方法的代表作。

源于仿生造型的造型构思。在漫长的进化过程中，自然界的所有生物为了适应环境，都要不断优化自身的特性和结构，以确保生存和繁衍。这种自然规律同样适用于人类，并且人类的建造活动常常体现出对自然的模仿，但这种模仿并不是简单的复制，而是从自然界动植物的生长模式和生态规律中获取灵感，通过类比和模仿的方法来进行建筑设计。仿生学在建筑形式上的应用不仅可以最大限度地发挥材料和结构的性能，还能创造出独特的视觉效果。例如，墨西哥工程师费利克斯·坎迪拉设计的墨西哥城霍奇米尔科花园水上餐厅就是由4个交叉的双曲抛物面薄壳构成，4条拱肋直接支撑在地面上（如图5-22）。这些薄壳仅有4厘米厚，却覆盖了30平方米的区域，建筑内可容纳1000人。整个建筑设计巧妙，造型独特，宛如一朵静卧在水面的花朵，不仅美化了周围的环境，还成为当地的标志性建筑。

图5-22 墨西哥城霍奇米尔科花园水上餐厅

源于生态的造型构思。生态建筑设计旨在与当地的自然环境和谐共存，它利用生态学原理、建筑技术科学的基础知识，以及现代科技，合理规划建筑与周围环境的关系，其目的是创造一个既环保又具备优良室内环境和有效气候调节能力的建筑。为此，建筑设计需考虑建筑形态、外观和内部空间等元素如何与自然环境互动，这通常会导致建筑外观与传统设计有所不同。

由SOM事务所设计的沙特阿拉伯国家商业银行大厦位于海边一块不规则的地形上，大厦共27层，采用三角形平面布局。与传统设计不同，大厦外观没有密集的窗户，除了顶层重要办公室有装饰性小窗外，其余部分均为实体墙面，有效防止了阳光直射和沙漠热风的侵袭（如图5-23）。与众不同的是，大厦在东南面和北面的墙体上设计了3个大型开口，引入自然光线至中央的空中花园，这不仅有助于散热，还可以让所有朝向空中花园的办公室都能享受到城市景观和红海的美景。

源于高科技的造型构思。自20世纪下半叶起，经济和科技的发展突飞猛进，特别是以计算机为代表的一系列信息技术及自动化技术的发展，促使社会的各个层面发生着巨变，这也给建筑创作领域带来了新观念、新方法、新成果，并为多样、自由的建筑形式的实现提供了充足的技术支持。因此，源于高科技的造型构思是信息时代背景下新的建筑创作途径。法国蓬皮杜艺术中心是高科技建筑风格的代表作，其大胆地展示了结构骨架，包括钢梁、柱子和桁架等，这些通常隐藏在建筑内部的结构元素在这里被漆上颜色后暴露在外，成为建筑的视觉焦点（如图5-24）。此外，建筑的各种管线根据其功能被涂上了不同的颜色。空调管道是蓝色，水管是绿色，电气设施是黄色，而自动扶梯则是红色，这种色彩编码系统使得建筑的功能分区一目了然。蓬皮杜艺术中心的内部空间没有固定的内墙，而是创造了一个巨大的、灵活的展览空间，可以根据需要进行调整和改变。

图5-23　沙特阿拉伯国家商业银行大厦

图 5-24　法国蓬皮杜艺术中心

图 5-25　南京六合规划展示馆——茉莉花馆

表皮构思。表皮，即建筑物的外围护结构，最初是由材料构成，如夯土墙、竹篱棚等，这些自然的材料以物质的形态呈现出自然的秩序。当建筑的逻辑从材料的选择、材料制作技术的运用、细部的构成，到最终赋予它情感的整个过程，使材料转化为材质，使其具有了质感、肌理、色调等特性，建筑的表皮才逐渐成为设计的重要元素。例如，南京六合规划展示馆——茉莉花馆，其建筑体外围由一层通透的冲压铝板表皮包裹，每个造型单元中心都有一盏圆形的LED灯，在夜间闪耀着神秘的光辉（如图5-25）。

5.2.2 构思过程

构思是实现建筑设计根本目的的重要思辨过程，包括启发、切入、策划、判断、选择、修正等（如图5-26）。这个思考过程融合了抽象思维、具象思维、直觉思维，并且通常遵循从局部到整体、从特殊到普遍、从粗糙到精细的逐步发展和有序推进的规律。构思在建筑设计中有两个层面的含义：一个是广义的构思，表现在方案设计的整个过程，每一阶段、每一环节的发展推进都需要借助构思来完成；一个是狭义的构思，也称为大构思，特指方案设计初始阶段（一草阶段）对方案大思路、大想法的酝酿成型过程，即本节将要重点阐述的方案构思。

（1）方案构思的定义

方案构思作为方案设计的重要环节，其目的是通过深入而透彻的思考、思辨，正确理解并把握功能、环境等重要因素的属性、特点，从中提取有价值的造型素材，据此发展并确立起建筑空间、形象的大轮廓、大模样。如果说设计理念侧重于抽象思维，并呈现为抽象语言，那么方案构思则是遵循理念的指导，在抽象思维和形象思维的双重努力下，最终将设计意图落实为空间和形象，即方案的雏形。

（2）方案构思的过程

方案构思的过程可以分为基本判断和深入构思两个环节。

首先是基本判断环节。在调研分析的基础上，进一步归纳、整理任务要求和环境条件，可以初步形成4个方面的基本判断，以此作为下一步深入构思的功能性框架。

其一，确立方案的聚集程度。基于对用地容积率的分析、判断，明确该方案适合单层、多层还是高层，适合分散设置还是集中组织。

其二，确立方案的平面关系。基于对功能单元需求的分析和功能关系的分析，可以按比例生成一个或多个粗略的侧重于满足功能需求的研究性平面，作为该阶段平面设计的起点。

其三，确立方案的总体布局形式。基于对地段环境的分析，将研究性平面置于场地之中，比较并确立一种或多种理想的布局形式。

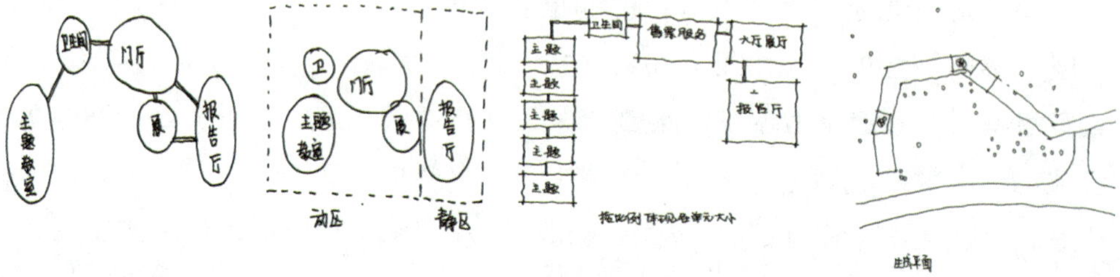

（a）气泡图　（b）功能分区　（c）根据比例体现单元大小　（d）平面

图 5-26　方案构思过程

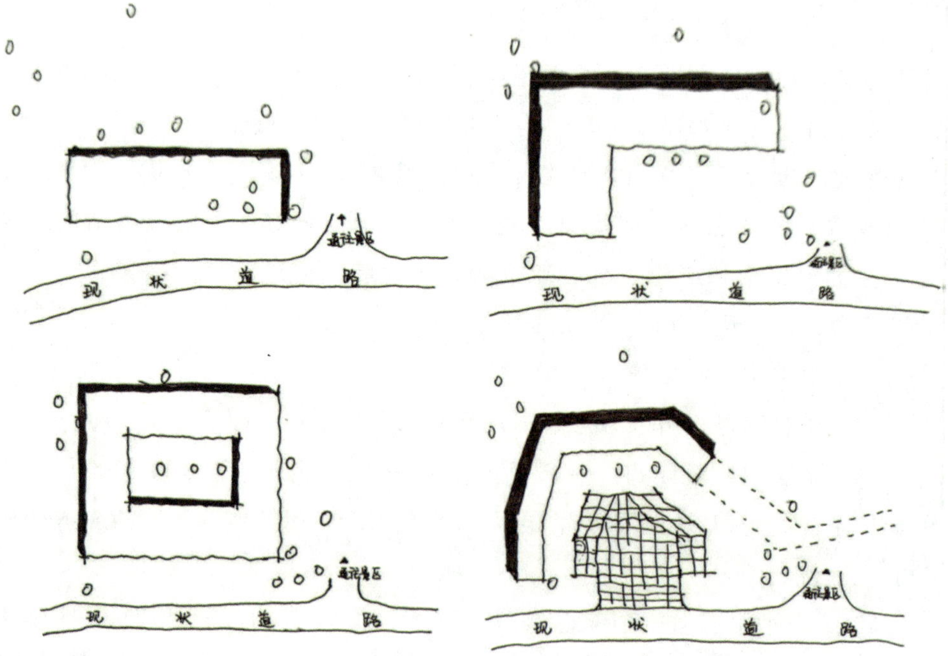

图 5-27　总体布局形式

图5-27这个方案位于森林景区，树木林立，根据地形推演出几种平面布局方式。方案一，“一字型”布局，这个方案较为生硬，需要移栽的树木较多，工程量较大。方案二，“L型”布局，比方案一稍好一些，但还是比较生硬。方案三，“回字型”布局，由于此方案任务要求的面积较小，因此这个方案难以成型。方案四，“折线型”布局，这个方案可以避让树木，能够很好地融入环境。

其四，确立方案的造型原则。基于对建筑类型特点、环境特点，乃至使用者特点和时代特点等相关因素的分析，粗线条勾画出该建筑造型的基本原则。

如图5-28和图5-29所示，游客服务中心地处山地，山体层峦叠嶂，风景优美，因此在造型设计上采用起伏的折板屋顶，与山体相呼应。

图5-28　山地自然景观

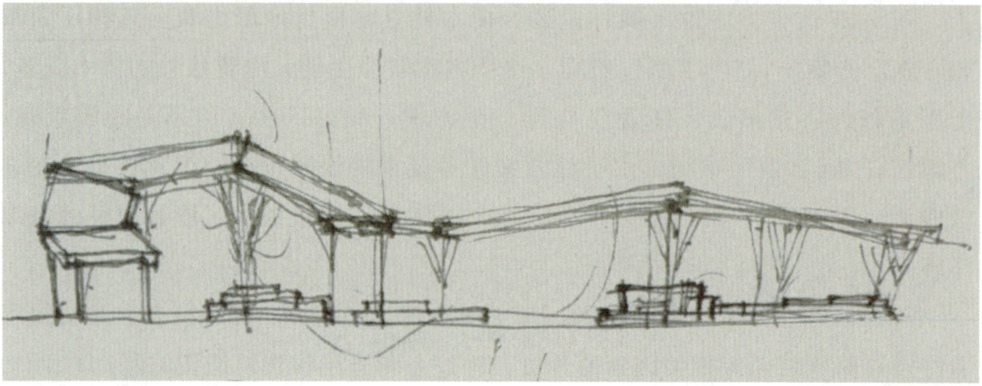

图5-29　造型推敲

其次是深入构思环节。在确定了基本的设计方向和功能性框架之后，设计师会进入方案设计的深入构思阶段。这个阶段需要持续、深入和集中的思考，以及逻辑推理和创造性思维的结合。虽然构思过程中可能会有突发的灵感，但更多的是需要按照逻辑顺序逐步推进。这个过程没有一成不变的思维模式或方法，但必须紧扣3个关键环节，即分析与切入、关联与提取、造型与调整。

分析与切入。由于建筑设计受到众多因素的影响，不可能同时全面考虑所有因素。因此通常会选择一个或几个关键因素，如环境、功能、经济、技术、文化、历史等，作为设计的切入点。例如，可能会考虑地形、景观、交通或气候等环境因素，研究如何在设计中充分利用这些条件；或者考虑空间单元、空间关系或流线组织等功能性需求，探索如何提升空间品质和扩展功能。在这一过程中，任何与建筑空间和形式相关的形式或概念，一旦能够与设计构思产生有益的联系，就可以被作为造型素材，实现设计的切入。

关联与提取。想要提取造型素材，就需要借助关联的方法。所谓关联，就是把分析研究的对象与形式直接或间接地联系起来。例如，从地段的轮廓、形状中直接提取构思方案所需要的抽象或具象形式，这种从“形”（存在于地段的形状）到“形”（用于设计中的形式）的关联就是直接形象关联。又例如，地段的某个方向有很好的景观，此时是将院子的开口面向风景呢？还是将主要房间的开窗面向风景呢？这种关联就是间接逻辑关联。再例如，面对一块碧波荡漾的湖畔地段，人们会很自然地联想到船、帆、水纹等一切湖畔所能带来的景物与景象,那么这种从“场”（场景）到“物”（联想到的景物），再到“形”（用于设计中的形式）的关联就属于场景关联或场所关联。以上是从环境因素切入时的3种关联方式。当从功能因素切入时，多采用间接逻辑关联，即从“因”（拓展功能或提高品质的目的）到“理”（为此所采取的具体措施）,再到“形”（实施措施后所呈现的空间及形态）。在构思过程中应灵活运用不同的关联方法，以求提取更多的造型素材。

造型与调整。利用关联所提取的形式和概念，即开始着手方案中空间和形式的塑造，并反复进行适应性调整，以最终完成方案构思（如图5-30)。在具体操作中有两种方法可以选择：其一，立足于基本判断所确立的研究性平面、总图布局等框架原则，有选择地引入造型素材，并对其进行重新塑造；其二，由点及面，逐步完善，直至获得完整而满意的形式为止，这就是先功能后形式的构思方法。

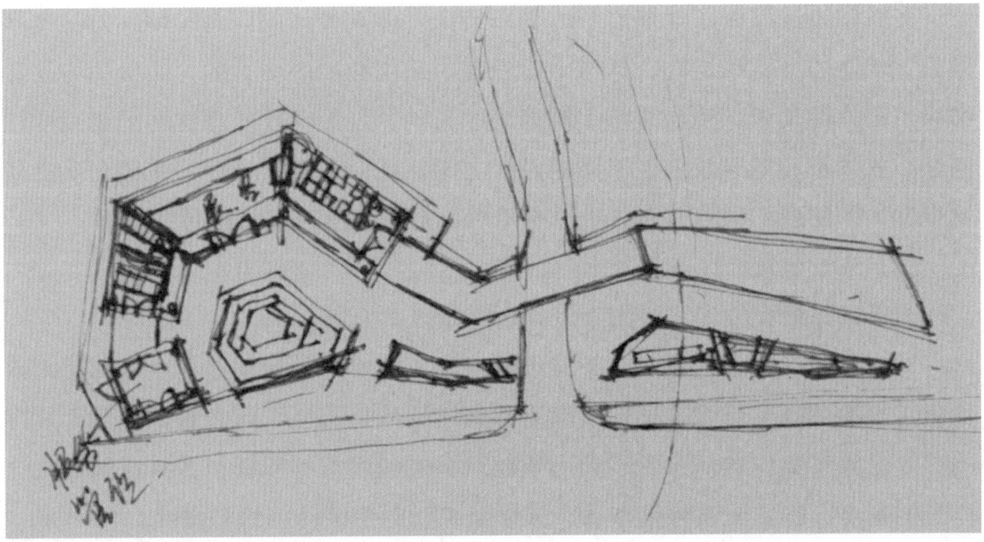

图5-30 平面推敲

5.2.3 方案优选

(1) 多方案设计的必要性

在方案设计过程中，提出多个方案是至关重要的。方案设计本身不是终点，终点是达到最终目标，即找到一个理想且令人满意的实施计划的过程。验证一个方案是否优秀的最有力方法是比较和分析不同的方案。虽然理论上最好的方案需要考虑所有可能性，但实际上由于时间、经济和技术的限制，设计师只能寻求在有限的选择中找到最佳方案。

多方案设计也是实现公众参与的必要途径。让建筑的使用者和管理者参与设计的过程，是实现人本建筑理念的关键。多方案设计提供了分析、比较和选择的机会，使这种参与成为可能。这种参与不仅仅是选择设计成果，更是对设计方向和具体处理方式提出意见和疑问，确保设计方案能够承担起其应有的社会责任。

(2) 多方案设计的可行性

多方案设计反映了建筑设计的本质特征。建筑设计的问题和解决方法是多样的、相对的和不确定的，这与中学教育中通常教授的单一的、明确的方法和结果不同。建筑设计受到众多客观因素的影响，设计师在处理这些因素时的任何微小差异都可能导致产生不同的设计方案。然而，只要设计师遵循正确的建筑理念，即便是不同的方案，也没有绝对的对错之分，只有相对的优劣。

(3) 多方案设计的基本原则

为了选择最优方案，多方案设计应遵循以下原则。

首先，应该提出数量多、差异大的方案。方案的数量和差异性是评估方案优化水平的关键，因为差异性确保了方案之间的可比性，而数量则确保了选择的广度。为了实现这一点，设计师需要从多个角度审视问题，并有意识地改变构思的重点，以实现在整体布局、流线组织和造型设计上的多样性。

其次，任何方案都必须基于满足功能和环境的需求，否则再多的方案也是没有意义的。因此，在尝试阶段就应该进行筛选，排除那些不切实际或不可行的想法，避免浪费时间和精力。

（4）方案优选的基本方法

完成多个方案后，需要对它们进行分析和比较，以选出最佳方案，这时应重点关注以下几个方面。

首先，比较各个方案是否满足设计要求。是否满足功能、环境、流线等基本设计要求是评估方案合格性的最低标准，无论方案构思多么独特，如果不符合基本设计要求就都是不可取的。

其次，比较各个方案的个性特点是否鲜明。个性特点是建筑的重要品质，具有个性的建筑才更具吸引力，更容易打动人心，更能被公众认可和喜爱。

最后，比较各个方案的可修改性。没有完美的方案，每个方案都可能存在一些缺陷。但是有些缺陷虽然不致命，却难以修改，因为彻底的修正可能会引入新的问题或失去原有方案的特点。因此在选择这类方案时必须谨慎，以防留下隐患。

（5）方案优选范例

以宣恩县工农街片区城市更新方案的比较与优选为例。由于该设计题目给定的地区环境个性特点十分突出，两个方案皆以此作为方案构思的切入点，因此在其设计成果的分析和比较中，除了着眼于基本的功能布局（包括总图和主要层平面）、空间组织和造型处理外，应对地段形态与方案造型之间的关联成效进行重点评价，以充分体现该设计的构思特点（如图5-31、图5-32）。

在功能组织方面，两个方案的设计各有特点，都较好地满足了功能分区、平面布置和动线组织的设计要求；在空间组织方面，两个方案都设有比较成型的入口空间和广场空间，与广场功能活动基本吻合，但方案一的建筑轮廓更加规整一些，廊道曲折流转，在一定程度上提高了人流集散的能力，因此方案一更佳；在体块造型方面，两个方案差距较大，方案一的整体形象传统，和谐丰富，符合当地传统民俗氛围浓厚的人文环境特点，方案二的形象完整而均衡，是新中式建筑风格，民俗风味不够浓厚，与当地建筑类型特点稍有差距；在与场地环境应对方面，两个方案的空间序列差异不大，都是以入口广场为起点，以曲折廊道为连接，终点以景观广场收尾。

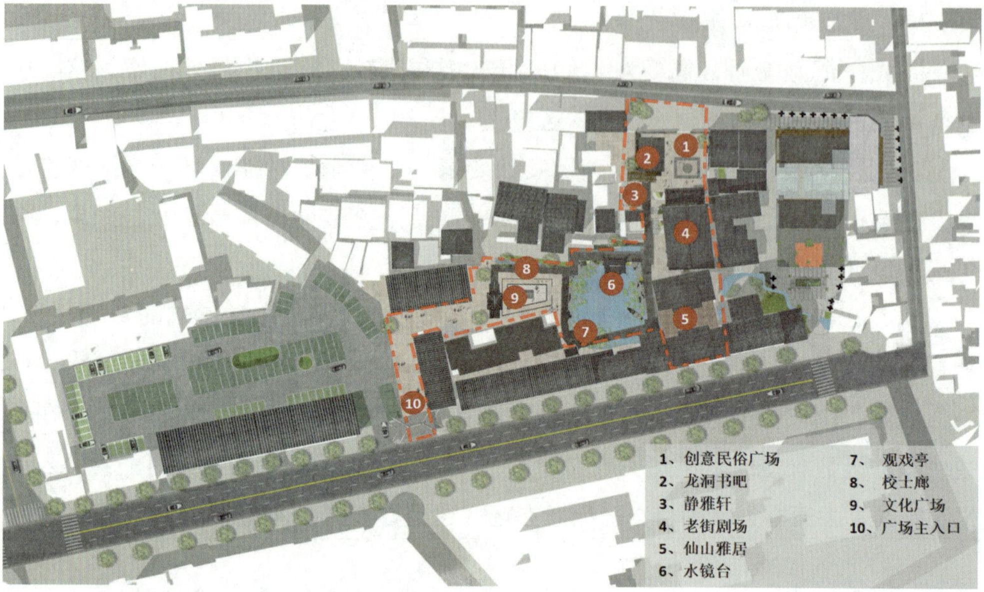

图 5-31　宣恩县工农街片区城市更新方案一

图 5-32　宣恩县工农街片区城市更新方案二

5.3　方案调整与深化

方案设计是一个连续的过程，它从整体到细节，从粗糙到精细，从概念到具体数值，逐步深入。在这个过程中，调整发展和深入细化是两个关键的步骤。调整发展的主要目标是确立基本的功能、形态的量化和体系的结构，而深入细化则是为了完全实现功能、形态的量化和体系的完善。无论是在方案的调整和改进阶段，还是在方案的详细化和精细化阶段，都应该保持整体观念和综合考虑，要意识到任何一个小的调整都可能影响整个设计，因此需要全面考虑每次调整的影响。

5.3.1　调整发展阶段的基本任务

一草阶段所确立的发展方案是从多个方案中优选出来的，有着比较突出的个性特点和造型优势。然而，这个阶段的设计还比较宏观和粗略，各方面（如平面、立面、剖面和总图等）和各个系统（包括空间、流线、围护结构、结构和造型等）的设计还未完全展开，更没有细化到具体的实施和量化阶段。因此，二草阶段的核心任务是放大图纸比例，将设计意图从宏观层面向中观层面全方位推进。同时，如前文所述，这个阶段的方案可能还存在各种缺陷和问题，需要设计师进行全面的审视和调整，这是该阶段的首要任务。

（1）方案的调整和修正

对方案的调整和修正应在全面分析和评估的基础上进行，目的是掌握方案的特点和设计方向，并对其进行全面的调整，以期从根本上解决问题。需要注意的是，方案的整体布局、流线组织和体块关系已经基本确定，并且经过了多方案的比较和筛选，因此对其的调整应限制在一定范围内，仅限于解决个别问题的局部调整，不应影响整体构思和大局。

方案调整应集中于当前设计中存在的问题，如总图设计、平面设计，以及模型所展示的造型设计等，而不是那些尚未开始的部分，如立面设计、剖面设计等。总图调整应关注功能布局的合理性、各部分与地段的关系、室外流线组织，以及重要外部空间的位置、形状和大小等。平面调整应关注平面布局、内部流线组织和各个空间单元的位置、形状和大小等。造型调整应重点关注大体块的关系和虚实对比等。

(2) 对选定的方案进行调整

方案特点。以宣恩县工农街片区城市更新方案为例，该方案的构思源于当地的传统建筑，使其造型与当地建筑风貌产生直接的逻辑关联（如图5-33）。方案立足于对广场动线模式和场地景观资源的分析，在满足基本使用功能的同时，利用借景、对景等手法有效改善各主要空间的品质。方案布局紧凑，便于管理和使用。

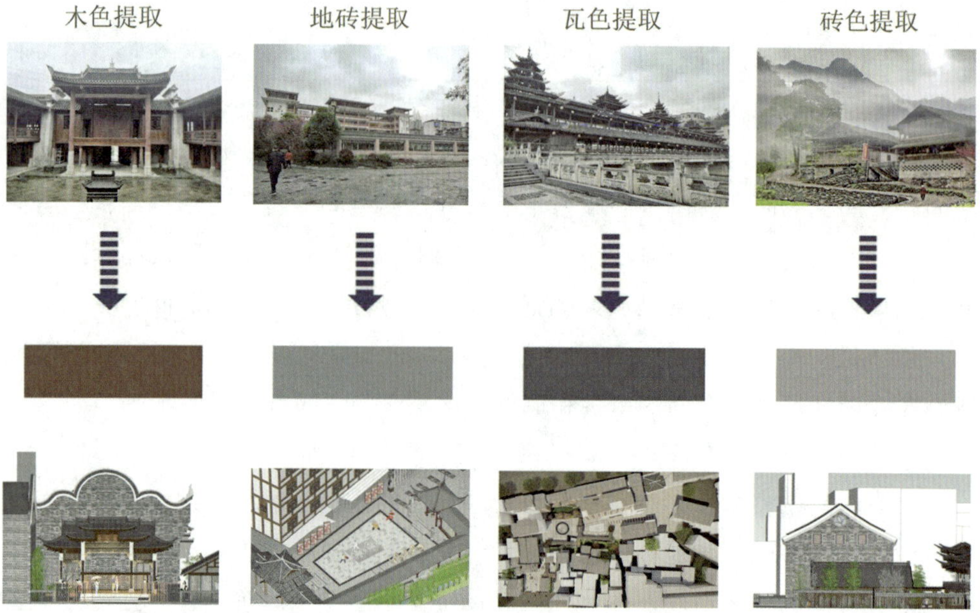

图5-33　宣恩县工农街片区城市更新方案

总图调整。以宣恩县工农街片区城市更新方案为例，方案二在总体布局上存在的问题是没有利用基地保留的景观水渠，场地内设置了3个硬质广场，空间体验不够丰富。解决的办法是将第二个广场结合保留的景观水渠改为一个景观水塘，增加不同的空间体验。

平面调整。以宣恩县工农街片区城市更新方案为例，在平面设计上主要存在两个问题:一是部分管理单位的窗口宽度有限，影响了管理人员对湖面状况的有效监控；二是售票单位与管理单位之间缺少必要的分隔，彼此间互有干扰。解决的办法是在保持建筑整体形状不变的前提下，重新安排管理单位、售票单位和储藏单位的位置关系。将半梭形平面等分为南北两部分，储藏单位和售票单位分居东西，都安排在南侧部分，管理单位安排在北侧，面向湖面，从而拥有开阔的视野。

第一，总图设计的发展。推敲并确定建筑于地段中的位置，落实与地段内主要入口、道路、空间绿化的衔接位置与衔接方式，明确与地段外相邻建筑、空间的关系；推敲并落实场地内主要外部空间（如庭院、广场等）的大小、位置、形状，及其与主要建筑、道路、入口、景观之间的关系；推敲并落实场地内动线组织形式，以及道路宽度、出入口位置等；推敲并确立地段内的基本高程设计，落实外部空间各构成要素的平面形状和组织方式，包括道路、铺地、草坪树木、水系及小品等。

第二，平面设计的发展。设计重点从空间的整体布局和组织转向对各个独立空间单元的详细设计和处理，进一步精细化每个空间单元的尺寸、形状、位置，以及它们对家具和环境条件的具体需求。特别是要确定家具的布局方式，以确保空间单元设计的合理性和可实施性。同时，参考图5-34，需要细致考虑并优化流线结构，明确门厅、走廊、楼梯等交通空间的尺寸和设计形式，以及如何在空间单元内部组织有效的流动和滞留空间。

第三，深入研究并确定设计方案所采用的结构体系，比如是框架结构、混合结构、承重墙结构还是其他类型。对结构相关的主要尺寸进行量化，包括房间的开间、进深、墙体厚度，以及梁柱的截面尺寸等。

第四，根据进深和开间的尺寸，进一步确定门窗的宽度和墙体的长度，并逐步实现建筑平面尺寸的标准化和模数化，以便于施工和材料的合理利用。

第五，进行建筑面积的计算，并控制满足设计要求的各项技术经济指标，确保设计方案在技术和经济上的可行性。

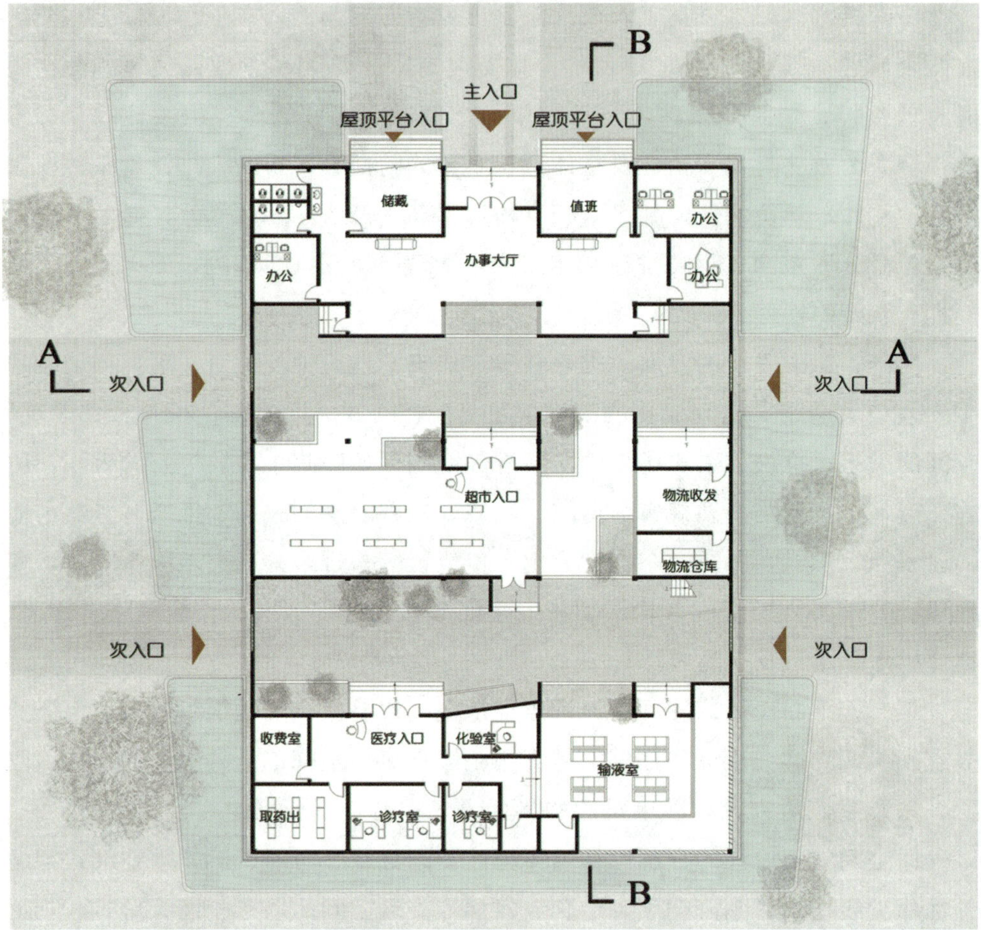

图5-34 巢湖叠园建筑方案平面

立面设计。一草阶段所构思的造型只是大的体块关系和虚实关系，真正的立面设计是从二草开始的。二草阶段的任务是在完善已确立的基本体块、虚实的基础上，结合功能需求，落实形态要素，开展立面造型的层次设计，精心推敲比例关系和尺度关系。立面及造型设计的基本原则是遵循并灵活运用所学过的形态构成方法、视觉心理学原理和一般形式美法则，综合考虑时代特点、类型特点、环境特点，及其使用者特点，努力塑造出完整与变化、对比与统一相和谐的富有个性和特色的建筑形象（如图5-35至图5-38）。

图5-35　宣恩县工农街片区城市更新立面方案一

图5-36　宣恩县工农街片区城市更新立面方案二

图5-37　宣恩县工农街片区城市更新立面方案三

图5-38　宣恩工农街片区城市更新立面方案四

第一，需要研究并确定建筑整体造型的显著特征，比如是要强调水平线条还是垂直线条，是要营造轻巧感还是厚重感，是要展现大尺度还是小尺度的效果等。

第二，根据具体空间对于采光、通风和流线等功能的需求，进一步细化立面上实体与空白的比例，精心调整各种比例和尺度，以满足功能和美学要求。

第三，逐步明确线条、平面和体量等视觉元素，确立并加强建筑造型的独特性。

第四，在明确了立面的虚实关系和视觉元素后，进一步推敲并确定立面造型的层次和深度。

第五，结合平面尺寸的模数化，逐步实现立面门窗和墙体尺寸的标准化，以便于形成统一和协调的建筑风格。

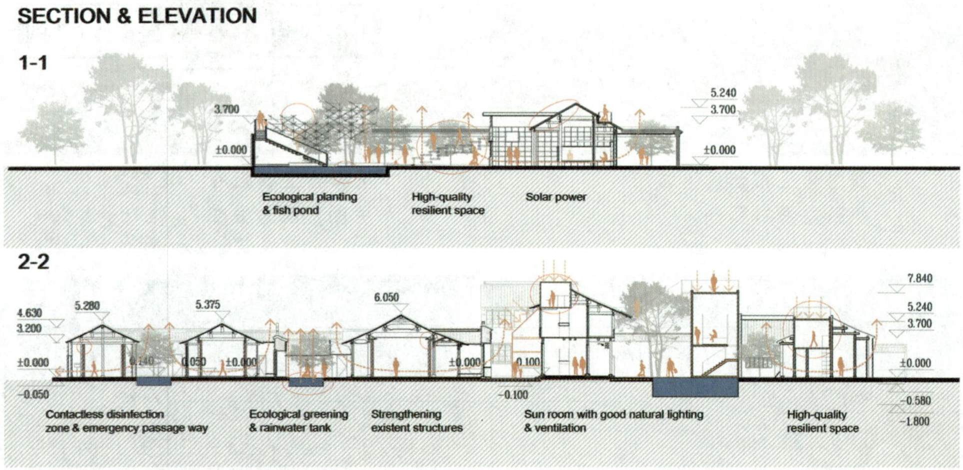

图5-39　后疫情时代苏州四合院改造方案剖面图

剖面设计（如图5-39）。与立面设计一样，剖面设计也是从二草开始起步的。

第一，确定并细化建筑各层的层高和净高，以及空间的尺寸、相互位置和形态关系。

第二，确定室内外的高差，并设计竖向交通的连接方式。

第三，根据平面上的结构布局（如承重墙、柱子等），进一步推敲并确定剖面上的结构布局，特别是屋顶的基本结构形式和构造方式。

第四，深入推敲并落实楼梯、踏步、跃层等重要构件、重要部位的常规结构造型及其尺度、尺寸。

到此阶段，方案中各部分在总图布局上的位置，平面上的柱网、墙体、门窗、家具等的尺寸和形状，立面上的虚实对比、层次、比例、尺度，以及剖面上的高差和尺度等都应已经确定并量化。此时，方案的空间体系、流线体系、围护体系、结构体系和造型体系等也已经基本成型。在二草阶段的最后，需要利用透视草图和模型，将调整后的设计成果如实地展现出来，这将成为评估二草阶段设计效果和指导下一阶段深入设计工作的重要参考（如图5-40）。

图5-40 宣恩县工农街片区城市更新模型二草

5.3.2 深入细化阶段的基本任务

至二草结束，方案已达到了功能基本落实、体形基本量化、体系基本成型的设计深度。在此基础上，三草的核心任务就是进一步将方案向深入、细化推进，实现最终设计意图，即功能完全落实、体形完全量化和体系完全成型。

（1）*方案的深入*

方案的深入主要是借助室内外透视的绘制和空间视线分析而完成的，其设计重点包括方案的主要外观形象、重点空间单元，以及空间序列效果等（如图5-41至图5-45）。由此引发一系列局部微调，将方案设计全面推向深入，具体任务如下。

第一，参照对二草设计成果的分析与评价，针对方案依然存在的不足，在各个方面（包括总面、平面、立面、剖面等）、各个体系（包括空间、动线、围护、结构、造型等）进行适度调整，拾遗补阙。

图5-41　宣恩县工农街片区城市更新鸟瞰效果图

图5-42　宣恩县工农街片区城市更新沿街立面

图5-43　宣恩县工农街片区城市更新节点效果图一

图5-44　宣恩县工农街片区城市更新节点效果图二

第二，借助室外正常视角透视图的绘制，深入推敲建筑外形设计，重点完善沿街立面、主入口方向及主景观方向的造型效果。

第三，借助室内正常视角透视图的绘制，深入推敲重点单元的空间设计，细致处理其限定要素、家具陈设、景观资源，以及空间尺度、比例、方向等重要内容。

第四，开展空间视线分析，深入推敲相邻空间之间的视觉形象关系，重点处理并完善那些通过交通路线序列展开的各空间单元之间的衔接与过渡，进一步增强空间整体的艺术效果和品质，改善人们使用空间时的过程感受。宣恩县工农街片区城市更新设计中的主要空间序列是从入口空间开始，经过龙洞书院入口、书院广场、老街剧场、水镜台，最终到达文化广场。

图5-45　宣恩县工农街片区城市更新荷塘节点效果图

该阶段的工作还包括进一步统计并核对方案设计的技术经济指标，如用地面积、建筑面积、容积率、绿地率等，若指标不符合任务要求，则需要及时对方案进行相应的调整。

（2）方案的细化

方案的细化就是在进一步放大图纸、模型比例的基础上，引进材料及其衍生的质感、肌理、颜色等因素，丰富并完善立面造型的层次关系，逐步将方案设计的重点引向细部造型处理并实现方案设计的完全量化（如图5-46、图5-47）。

建筑的各个实体部分最终必然落实为具体的建筑材料（如砖、石、木、金属、玻璃、混凝土，乃至沙、土、水、草等），并呈现具体的质感（如透明半透明、不透明,或表面光滑、粗糙等）、具体的肌理图样和具体的颜色（如冷色、暖色、深色、浅色,以及调和、对比关系等）。不同的材料意味着不同的个性对比，从而形成不同的层次，反之亦然，这为调控建筑形象偏向简单或偏向复杂提供了有效的手段。

图 5-46　宣恩县工农街片区更新青砖

图 5-47　宣恩县工农街片区更新白色涂料

细化设计的核心原则是在保持和加强方案已有的构思和特点的基础上，充分发挥其层次和细节的调控作用，同时可以使人们近距离体验和欣赏建筑的精细形象。细化设计主要关注以下内容。

第一，在总图设计中，细化道路、广场、庭院和平台的铺装样式，台阶、坡道的设计方法，以及绿化、水景、装饰小品等的具体设计。

第二，在平面布局中，确定家具和陈设的样式，以及室内地面铺设的设计。

第三，在立面设计中，确定墙身的高度、檐口的厚度、柱距、墙面和门窗的细部划分方式，以及立面材质、色彩和光影效果的层次对比处理。

第四，在剖面设计中，详细设计楼梯、台阶、栏杆、跃层、楼板和屋顶等关键构件和部位的结构和构造形式，并进行完全量化。

到此阶段，方案设计工作基本完成，接下来将进行施工前的准备工作，包括图纸布局设计、模型材料和颜色的选择、透视图角度的确定，以及设计思路的整理等。需要特别指出的是，无论是在方案的调整和发展阶段，还是在深入细化阶段，每个过程和步骤都可能需要进行一系列新的调整和变化。各个系统内部及系统之间都会相互影响，因为它们都是建筑整体的组成部分。例如，平面布局的细化可能会影响其他平面部分，也可能会影响立面、剖面和总图，需要进行相应的调整。同样，立面、剖面和总图的细化也可能反过来影响平面布局。

对此，设计师应该有充分的认识。此外，方案的深化和细化过程往往需要经过多次的深入、调整、再深入、再调整的工作循环，这一过程中的工作强度和难度是相当大的。因此，要完成一个理想的设计方案，除了需要具备扎实的专业知识、强大的设计能力、正确的设计方法、浓厚的专业兴趣和充沛的创作热情外，细心、耐心和坚持也是设计师必不可少的品质。

5.4 方案设计过程的表达

建筑设计方案的表达是一项基本任务，它要求将设计过程中的步骤和成果遵循特定规范，准确而详尽地展示出来。这样的表达是设计团队内部研讨，以及与外界沟通的重要工具和基础。设计表达的完整性、审美性和适当性不仅直接影响设计方案的呈现效果，也可能决定着方案在社会层面的接受度。建筑设计方案表达主要分为图形表达和语言描述两大类，其中图形表达进一步细分为正式的和非正式的表达方式。

5.4.1 过程表达的基本功能

与正式表达一样，方案设计过程的表达内容同样涵盖工程图纸（包括总平面图、平面图、立面图和剖面图）、分析图（如设计概念、功能布局、流线和空间组织、造型设计等特定分析图），以及效果图（包括不同视角的透视图、轴测图、模型和三维动画等）。方案设计表达的基本功能可以归纳为两种：一种是过程中的推敲性表达，它为设计团队内部的分析、研究、总结、判断和选择等设计活动提供视觉参考；另一种是阶段性的展示性表达，它是设计师与外界进行展示、解释、交流和讨论等互动活动的关键工具。

推敲性表达主要服务于设计师自身，它用于方案设计的构思和酝酿阶段，是设计师形象思维活动的直接和真实记录，也是设计师创作活动的主要外在表现形式。它的重要作用体现在两个方面：一方面，在设计师构思过程中，推敲性表达通过具体的空间和形象来展示和加强设计师的形象思维，有助于激发新的构思；另一方面，推敲性表达的具体成果为设计师的分析、判断和决策提供了具体的对象和依据。因此，真实、自由和不受限制是推敲性表达的核心特征。

展示性表达是设计师为了阶段性讨论和汇报而进行的设计成果表达，它适用于展示各阶段的成果，如初步设计阶段的成果图等，是设计师与用户、管理者进行交流的主要媒介。在确保真实性的基础上，易读性和美观性是展示性表达的关键要求，以确保设计方案的理念、构思和空间效果得到充分传达，从而获得评审者最大程度的认可。

在整个方案设计过程中，推敲性表达和展示性表达往往是周期性交替进行的。

5.4.2 过程表达的基本形式

方案设计过程的表达主要借助草图（包括徒手草图和工具草图等）、草模和计算机草模（亦可理解为模型的一种）等3种基本形式。

（1）草图

草图是一种传统的设计过程表达方式，实践证明其非常有效。手绘草图的显著优势在于它的快速、便捷、概括性强，以及灵活性和变化性（如图5-48）。因此，手绘草图非常适合在方案设计初期进行推敲和展示，包括在调研分析阶段对功能、流线和场地的分析，以及在大体构思阶段对总图布局、平面布局和体量关系的初步探索。

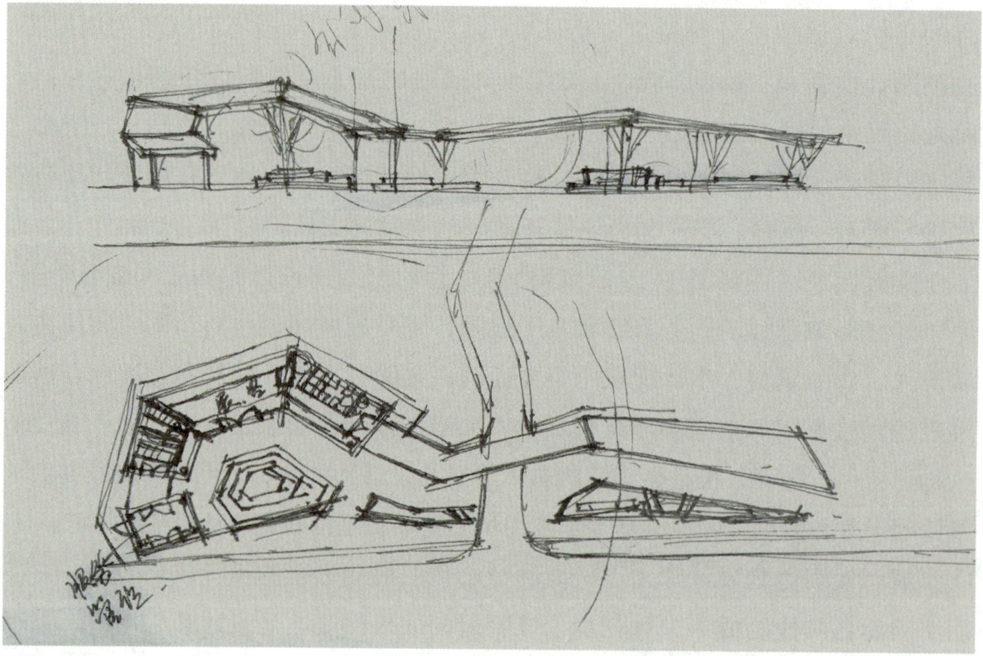

图5-48　手绘草图

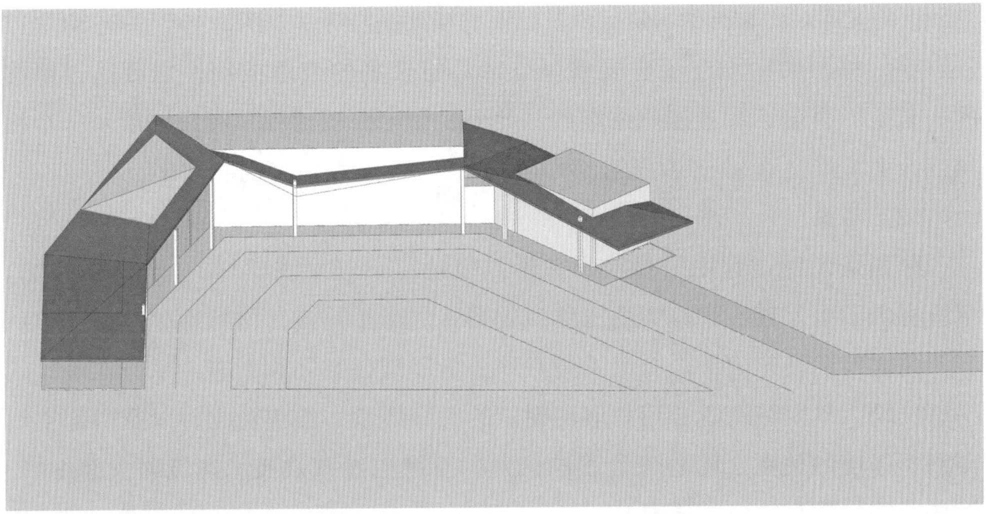

图 5-49　SU 草图

图 5-50　SU 精模

当手绘草图与绘图工具结合使用时，虽然绘制速度可能略慢于纯粹的手绘草图，但所呈现的细节更加精细和清晰，这使得工具草图可以用于更深入的细节刻画，特别是对局部空间和造型的详细推敲，包括平面上的功能和空间关系的细化、立面上的虚实对比和比例考量，以及细节的精细描绘等（如图5-49、图5-50）。

手绘草图的缺点在于它要求设计师具备较高的表达技巧，需要通过严格的、系统的手绘训练才能熟练掌握。此外，由于一幅透视草图只能展示一个视角或一个场景，这在一定程度上限制了手绘草图的表达范围和效率。

（2）草模

草模是设计过程中一种非常关键的表达工具（如图5-51）。与草图相比，草模提供了更为直接和真实的三维表现形式。由于具备三维特性，草模能够从多个角度展示设计成果，有助于更好地分析和理解空间和形态关系。在设计的早期阶段，草模特别适合用来展现建筑的大致体量、虚实对比，以及内部空间与周围环境的关系。随着设计逐渐成熟，草模也能有效展示建筑的立面细节、材料质感、表面处理和色彩。

然而，草模也有一定的局限性。模型的尺寸限制可能导致观察者主要从上方视角查看模型，这可能会过分强调屋顶立面（即建筑的第五立面）的重要性，从而带来一定的误导性。此外，由于模型制作技术和可用的设备、材料的限制，草模在细节表现上可能存在挑战。

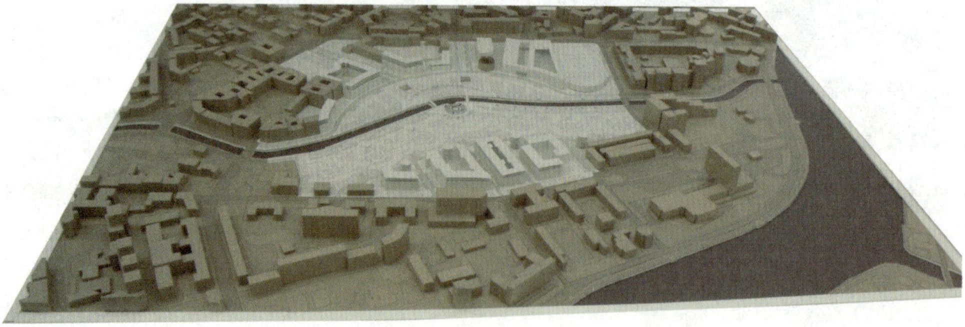

图5-51　建筑草模

（3）计算机草模

近年来随着计算机技术的不断进步，数字化的三维草模已经成为方案设计中一种新颖且有效的表达方式。这种由计算机辅助完成的草模不仅结合了手绘草图和物理草模的优势，还在一定程度上克服了它们各自的局限性。例如，计算机草模能够像精细的工具草图一样展示详细的部分，同时还能够保持直观和真实的视觉感受；计算机草模能够像手工制作的草模一样从各个角度展示设计的整体空间和形态关系，同时克服因模型尺寸限制而产生的视角问题。此外，计算机草模还拥有独特的动态展示能力（如动画等），这是其他表达方式所不具备的。

对于方案设计来说，矢量化是计算机草模的一个显著特点，但同时也可能是它的一个短板。在设计的早期阶段，包括概念构思阶段，设计并不需要也不应该达到完全的量化，在这一阶段计算机模型可能并不适用。只有当设计方案逐渐成熟，从定性分析转向定量设计时，计算机草模的优势才能真正显现出来。在设计的中后期，对于造型的细化和空间视觉的设计，计算机草模最能发挥其作用。此外，创建计算机草模有着较高的硬件和软件配置要求，且操作技术也有一定的门槛，这也是它的不足之处。

5.4.3　分析图的表达

分析图是设计过程中用来展示和解释方案内在的思想、意图、逻辑和关系的视觉工具。分析图的种类有很多，可以根据自己的表达需求进行选择。在常规设计实践中，分析图通常侧重于展示以下3个核心内容。

（1）前期分析

展示和阐释前期调研分析的结果，包括区位分析、概念分析、历史沿革、SWOT分析、人群分析、案例分析、资源分析、周边现状分析等，这些分析是设计构思的关键基础，以下是几个前期分析示例（如图5-52至图5-59）。

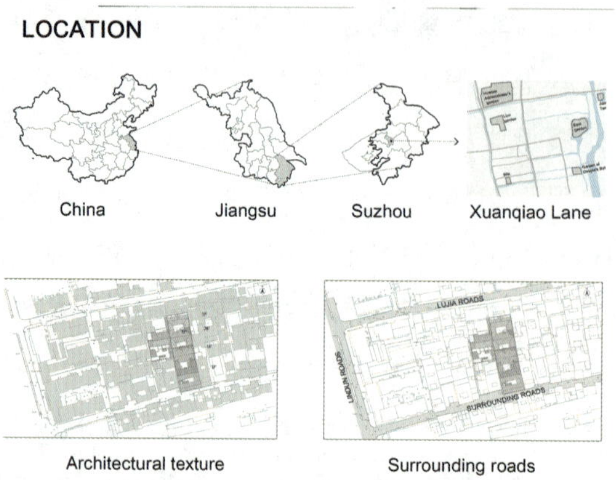

图 5-52　苏州防疫住宅区位分析

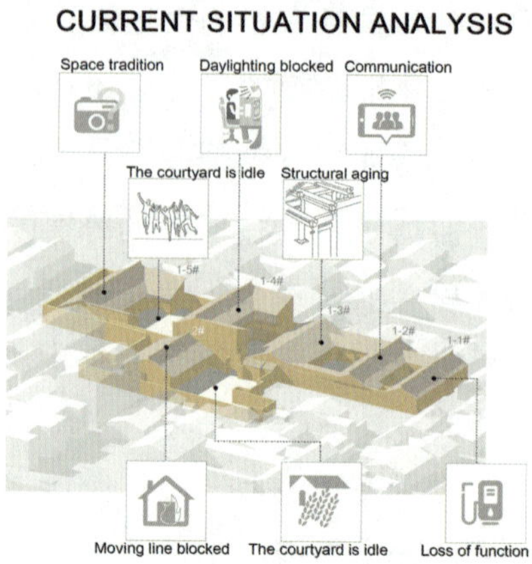

图 5-53　苏州防疫住宅现状

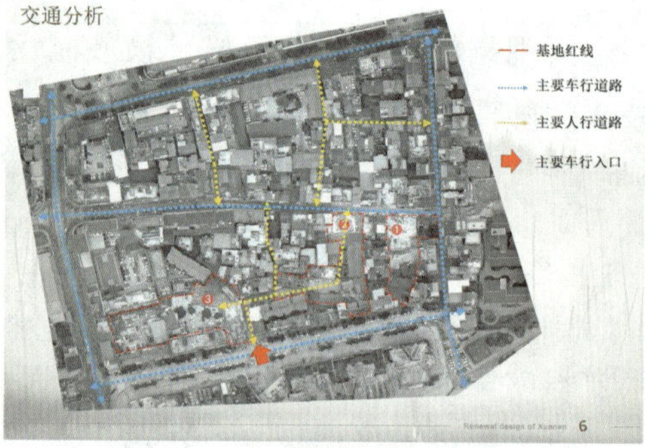

图 5-54　宣恩县工农街片区城市更新交通现状分析

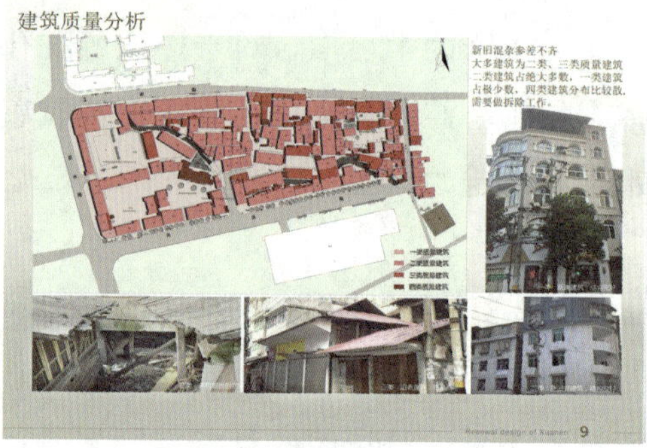

图 5-55　宣恩县工农街片区城市更新建筑现状分析

图 5-56　宣恩县工农街片区城市更新资源分析

图 5-57　宣恩县工农街片区城市更新案例分析

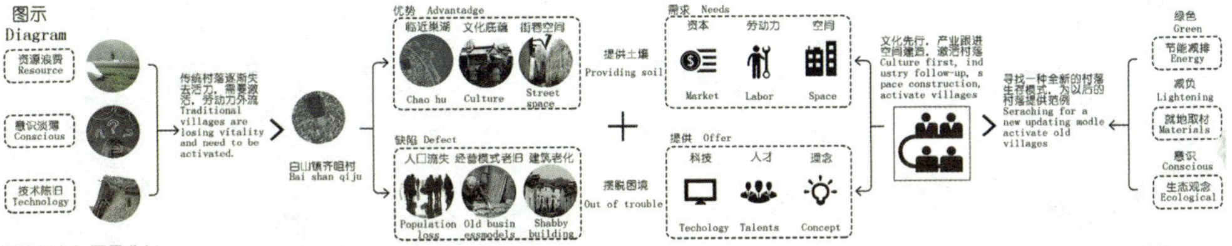

图 5-58　巢湖叠园 SWOT 分析

图 5-59　巢湖叠园历史沿革分析

（2）中期分析

展示和阐释设计理念的研究和确立过程，包括体块分析、模型分析、策略分析、功能分析等，这些分析可以表达设计过程中的思路，以下是几个中期分析示例（如图 5-60 至图 5-63）。

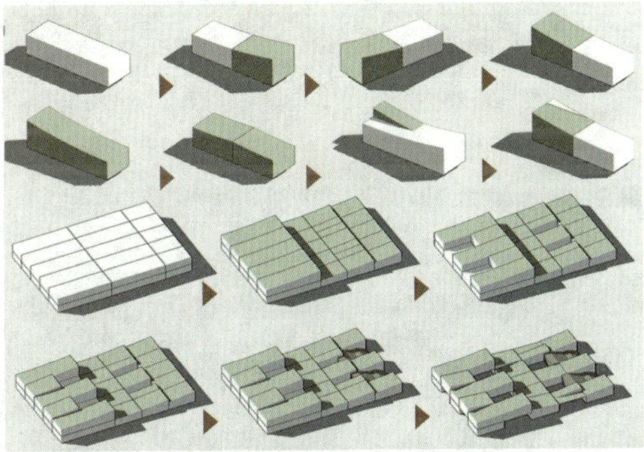

图 5-60　巢湖叠园体块分析

图 5-61　宣恩县工农街片区城市更新模型分析

图5-62　宣恩县工农街片区城市更新策略分析

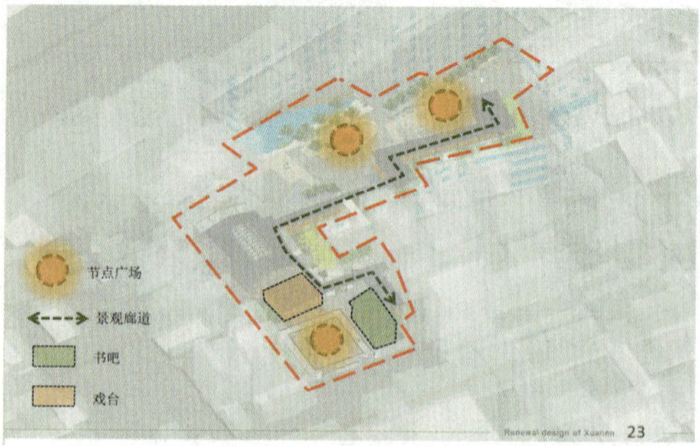

图5-63　宣恩县工农街片区城市更新功能分析

（3）结果分析

展示和分析设计方案的构思过程及最终成果，包括景观结构分析、消防分析、流线分析、日照分析、户型落位分析等，这些分析可以详细说明设计的具体内容和最终成果，以下是几个结果分析示例（如图5-64至图5-69）。

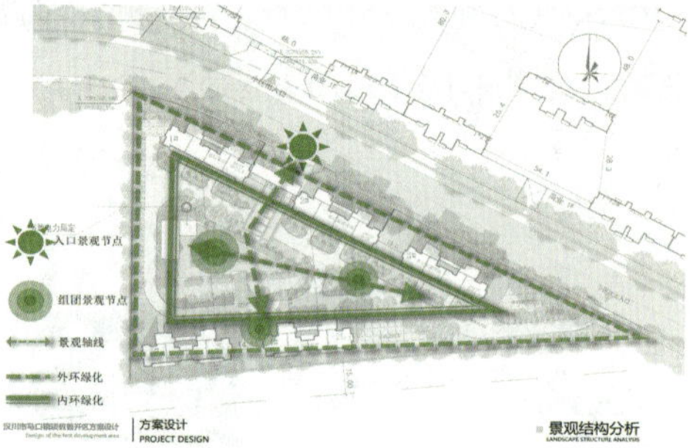

图5-64　桐木湖小区景观结构分析

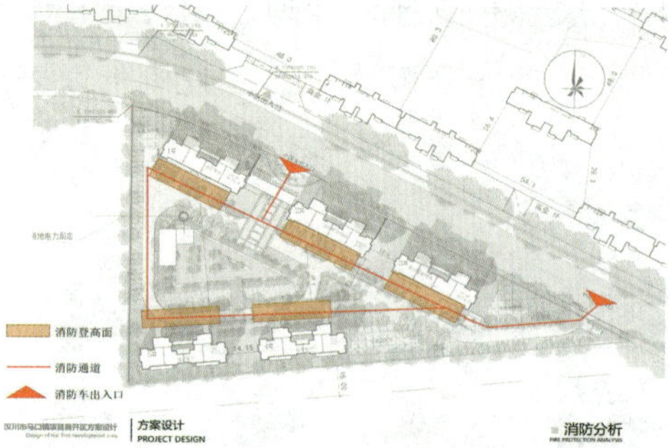

图5-65　桐木湖小区消防分析

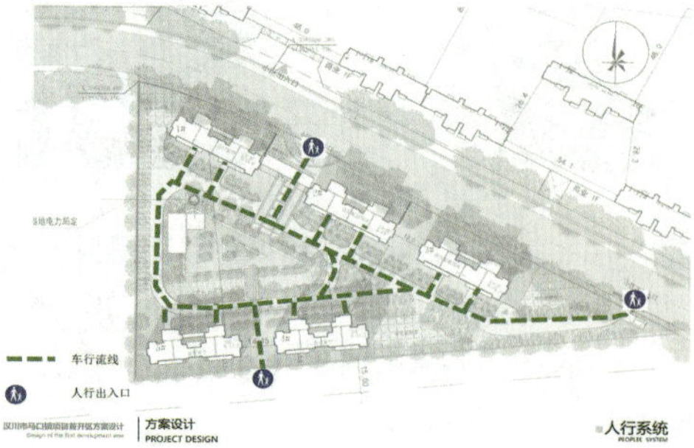

图5-66　桐木湖小区人行流线分析

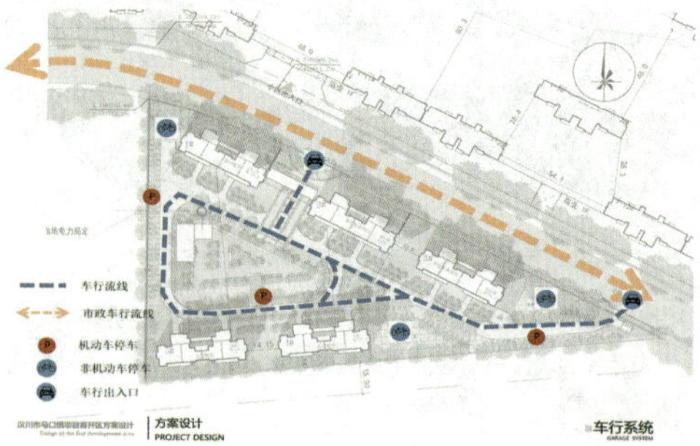

图5-67　桐木湖小区车行流线分析

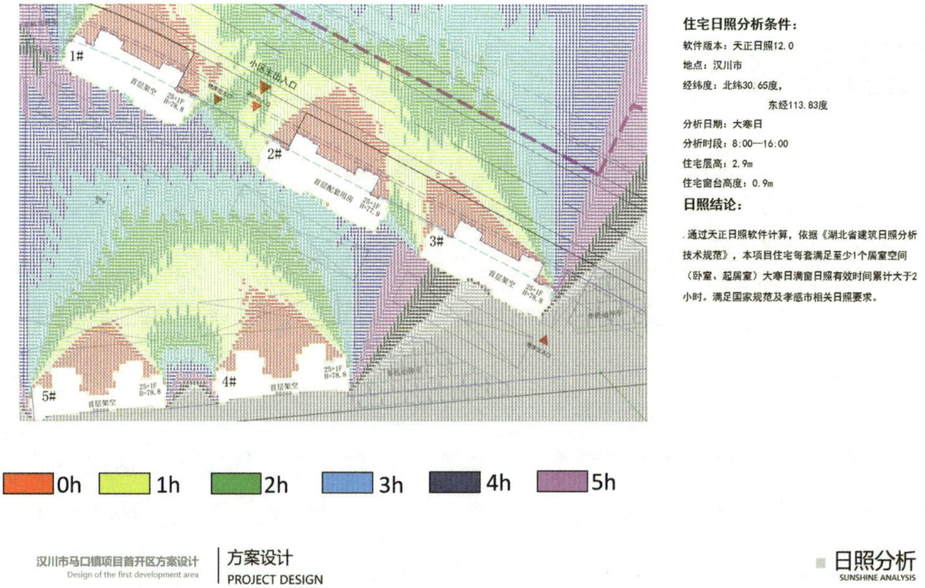

图 5-68　桐木湖小区日照分析

图 5-69　桐木湖小区户型落位分析

课程思政小结

本章以从任务书到方案落地为主线，还原了建筑方案设计的全流程。设计前期要认真阅读任务书、收集资料、分析设计条件。设计构思要从环境条件、平面功能、建筑造型等多角度阐述其构思与构思选择过程。方案构思确定后，便可进入方案调整与深化阶段。建筑方案的参与角色众多，其复杂性决定了建筑设计不可能一蹴而就，因此必然要有一个不断优化和调整的过程。设计的最后阶段是阐述方案设计过程的表达形式与表达内容。

本章的内容强调建筑设计方案表达要严谨规范，在严谨规范的前提下还要注意理性和感性的结合。如果盲目追求美而忽视功能，建筑就会沦为华而不实的装饰品。而如果只关注功能而不在乎建筑的美丑，建筑则会失去艺术性和文化价值。这种平衡体现了马克思主义哲学中关于矛盾的辩证统一思想，即在建筑设计中，功能与形式、理性与感性是相互联系、相互制约的统一体。设计者需要在两者之间找到平衡，既要满足使用者的物质需求，又要触动人们的心灵。

第6章 建筑大师与作品赏析

6.1 现代建筑大师与作品赏析

6.1.1 瓦尔特·格罗皮乌斯的建筑思想与作品赏析

(1) 建筑思想

瓦尔特·格罗皮乌斯出生于柏林，是德国现代建筑界的巨匠。作为建筑教育领域的领航者和卓越的建筑师，他深深植根于现代主义建筑学派，为现代主义建筑学派的发展奠定了坚实的基础。瓦尔特·格罗皮乌斯最引人瞩目的成就之一便是创立了享誉世界的公立包豪斯学校。

在设计理念上，瓦尔特·格罗皮乌斯倡导建筑与工艺的无缝结合，坚信艺术与技术应如影随形，共同进步。他尤为重视建筑的功能性、技术进步与经济效益三者间的均衡。1945年，瓦尔特·格罗皮乌斯与一众同行联合创立了协和建筑师事务所，后来这家事务所迅速成长，最终成为美国首屈一指的、以建筑师为领导的设计机构。

二战后，瓦尔特·格罗皮乌斯的建筑理论与实践成果赢得了全球建筑界的广泛尊重与高度评价，他的建筑哲学主要聚焦于以下几个核心理念。

第一，包豪斯学派。包豪斯学校在瓦尔特·格罗皮乌斯的引领下，积极倡导将艺术与工艺相融合的教学理念，着重强调产品的功能性、简约风格，以及设计的实际应用价值。包豪斯学校所秉持的这些核心理念对后世的现代建筑领域及设计工作产生了极为深远且广泛的影响。

第二，功能主义。瓦尔特·格罗皮乌斯认为建筑应该以功能为导向，他主张建筑设计应明确考虑其用途，并在设计中反映出这一点，并且他还提倡简洁、实用的设计，避免装饰性的冗余。

第三，现代材料与技术。瓦尔特·格罗皮乌斯强调使用现代材料（如钢铁、玻璃等）和技术，他认为这些材料和技术能够提供更大的设计自由度，并且能够更好地满足现代建筑的需求。

第四，形式追随功能。这一理念是瓦尔特·格罗皮乌斯建筑思想的核心之一，他主张建筑的形式应当自然地从其功能需求中产生，而不是通过传统或装饰性元素来定义。

第五，工业化生产。瓦尔特·格罗皮乌斯支持建筑的工业化生产，他认为大规模生产可以降低成本，并提高建筑质量。这与包豪斯学派的整体思想一致，即通过标准化和模块化来提升生产效率和设计一致性。

当时，瓦尔特·格罗皮乌斯的建筑理念在全球范围内展现出极高的前瞻性与创新性，他不仅催化了建筑设计领域基本准则与方法的深刻变革，还开创了一系列富有表现力及创意的新建筑技法和语言体系。在教育实践中，他尤为注重激发学生的想象力与创造力。同时，他也倡导在设计过程中保留一定的主观灵活性与自由度。瓦尔特·格罗皮乌斯坚信，艺术的核心价值在于对形式、空间及色彩的敏锐感知与深刻体验，其中心理因素的影响不容小觑。鉴于其对世界建筑领域的进步所做出的杰出贡献，瓦尔特·格罗皮乌斯被广泛尊誉为5位奠定现代建筑基石的大师之一。

（2）作品赏析

包豪斯校舍，这一建筑极大地体现了瓦尔特·格罗皮乌斯的建筑思想及建筑设计特点（如图6-1至图6-3）。

图6-1　包豪斯校舍

图6-2　包豪斯校舍的沿街面

图6-3　包豪斯校舍的窗户细节

第一，功能主义原则与简洁性设计理念，强调建筑结构应基于实用性考量与简约美学追求，摒弃繁复的传统装饰元素，转而注重功能的直接体现与结构逻辑的清晰传达，将建筑的实用功能视为设计构思的首要基点。传统学院派的设计往往遵循先构思建筑整体外观形态，随后将各项功能需求嵌入既定形态中，并据此对形态进行适当调整的流程。相比之下，瓦尔特·格罗皮乌斯在规划包豪斯校舍时颠覆了这一常规流程，转而采取了一种逆向思维，首先根据功能需求将校舍划分为不同区域，明确各区域的位置后，再确保这些功能区域间的有机联系与顺畅交互，最终实现了既简洁又美观的建筑造型。特别值得一提的是，包豪斯工业车间对于宽敞的空间与充足的光照有着特殊需求，因此被瓦尔特·格罗皮乌斯巧妙地安排在了临街的显眼位置，并创新性地大量采用了玻璃幕墙与框架结构，这一设计不仅极大地提升了建筑的采光效率，还营造出一种开放、通透且流动的内部空间感受，充分展现了功能主义与简洁美学相结合的设计理念。

第二，灵活运用非规则性构图技巧，此手法在既往公共建筑设计中鲜有采用。瓦尔特·格罗皮乌斯在包豪斯校舍的设计中巧妙地融入了非规则构图，促进了该手法的演进与应用。

第三，模块化设计，建筑设计具有高度的模块化和标准化，这也反映了包豪斯学派对工业生产的关注。

法古斯工厂，作为现代建筑史上的先驱之一，它是现代建筑及工业设计领域的一个关键转折点。这座工厂是瓦尔特·格罗皮乌斯在彼得·贝伦斯的指导下，联手阿道夫·迈耶共同创造的杰作。法古斯工厂是一个多功能的建筑综合体，具有制造、储存与办公等多重用途。其最大的特点是钢结构和玻璃幕墙，其最具创新性的特点是全玻璃外角，没有任何结构元素，创造了漂浮幕墙的错觉。

法古斯工厂以其功能性设计著称，建筑的布局和外观都服务于工厂的生产和操作需求（如图6-4、图6-5）。

图6-4　法古斯工厂的全玻璃外角

图6-5　法古斯工厂的外观

法古斯工厂的建筑结构与外观紧密结合，展现了建筑结构的美学和实用性。在所有建筑物中，办公楼最引人注目。与其他建筑不同，这座平顶的3层建筑，其立面由更多的玻璃而不是砖组成。瓦尔特·格罗皮乌斯当时做出了一个大胆而创新的决定，即在建筑内部使用钢筋混凝土柱，而不是传统的承重外墙，以解放建筑的立面。在一系列的砖墩之间，悬挂着支撑玻璃嵌件的铁框架。金属板被放置在铁框架内，以隐藏后面的楼板。

西门子住宅，这是20世纪中期瓦尔特·格罗皮乌斯在哈佛大学任教期间与家人居住的地方，建成于1938年，是瓦尔特·格罗皮乌斯在美国完成的第一个项目，该建筑融合了传统的新英格兰住宅审美与包豪斯学派的现代主义教义（如图6-6、图6-7）。

住宅基地临近穿过城镇的主要道路，这条道路坐落在田野、树林和农舍之间。在瓦尔特·格罗皮乌斯的脑海中，保持新英格兰农舍的本土美学是首要考虑的，同时他也在设计中引入了大量现代的、批量生产的、预制的元素。

西门子住宅的平面布局呈现出对功能空间的高度整合，上下两层共4间厕所和卫浴，都被放置到了住宅的东北角，其他生活空间根据使用特性被分置于合适的位置。住宅的南侧有一间装有玻璃和遮阳帘的观景门廊，这样的空间通常是设置在住宅的正面，但瓦尔特·格罗皮乌斯希望能保持一定程度的隐私，避免被道路交通干扰，所以将其放到了后门处，同时大面的玻璃将周围的自然

图6-6　西门子住宅

图6-7　西门子住宅的入口

景色带进了室内空间。二层西侧设置了顶上带有遮阳板的露台，通过钢制的圆楼梯可直达北侧花园，整个平面既流畅又舒适。

瓦尔特·格罗皮乌斯使用了新英格兰地区常用的护墙板和砖石作为外墙的主要材料，但当时他在外墙上将护墙板竖向铺设的做法并不常见。同时他还使用了一些在当地住宅设计中并不常见的材料，如玻璃砖、镀铬扶栏和新型材料隔音灰泥等。这种将现代的、可大量制造的或是可预制的材料带入设计之中的做法在当时十分罕见，而水平带形窗和大片玻璃的使用更带给这栋住宅典型的现代主义气质。

哈佛大学研究生中心，其布局非常精妙，内含7幢宿舍建筑及1栋公共活动设施，依据功能需求与地形特征巧妙分布（如图6-8、图6-9）。在设计手法上，各个建筑错落有致，高度与宽度、体量与形态均展现出灵活多变的特性。彼此间通过长廊与天桥实现连接，构筑了一个既开放通透又围合私密的庭院空间。建筑与自然环境的融合恰到好处，前后错落，虚实交织，高低搭配，尺度适宜，营造出一个室内与室外和谐共生、舒适宜人的环境氛围。

图6-8 **哈佛大学研究生中心**

图6-9 **哈佛大学研究生中心的公共活动楼**

哈佛大学研究生中心的公共活动楼呈弧线型，底层部分镂空，二层是大玻璃窗，凹弧形体现了一种欢迎感，其造型简洁，尺度适宜。

6.1.2　勒·柯布西耶的建筑思想与作品赏析

（1）建筑思想

勒·柯布西耶是一位出生于瑞士的法国籍建筑巨匠，是现代建筑运动的积极推动者与核心人物，在建筑、城市规划及文学创作等领域享有盛誉。

勒·柯布西耶的建筑理念先后经历了显著的转变。20世纪50年代前，他倾向于理性主义与功能主义的探索，这一阶段的标志性作品包括1929年的萨伏伊别墅及1945年的马赛公寓。20世纪50年代后，他的建筑风格转向浪漫主义与表现主义，标志性作品有朗香教堂。

1926年，勒·柯布西耶提出了5项具有划时代意义的建筑学新论点，即底层采用架空支柱、设置屋顶花园、实践自由平面与自由立面设计，以及引入横向长窗。同时，他倡导机器美学，追求机器形态的简洁外部与复杂内部空间的结合，并发展了模数理论，旨在通过人体尺度构建建筑整体与细节间的和谐比例，这一系列理念标志着建筑领域进入了一个全新的机器时代。

在材料选择上，勒·柯布西耶偏爱运用粗犷的混凝土与厚重的构件，将它们以冷峻的方式组合，创造出独特的视觉效果。

此外，勒·柯布西耶在城市规划方面同样成就斐然。作为城市集中主义的倡导者，他提出了光辉城市构想，强调高绿地覆盖率、高容积率、大规模建筑面积及多样化的建筑形态。

1933年，在国际现代建筑协会第四次会议上通过的《雅典宪章》中，勒·柯布西耶作为关键人物，提出了其城市规划的核心原则：明确功能分区，在市中心建设高层建筑以减少建筑密度，使建筑环绕于开阔绿地之中，实现底层架空以促进视觉通透，采用多层交通体系与棋盘式道路规划，实现人车分流，以及将工程管线布置于多层道路内部。

（2）作品赏析

与众多国外现代建筑师相似，勒·柯布西耶在其职业生涯初期，主要聚焦于小型住宅的设计工作。20世纪20年代，他承接了巴黎及周边区域众多私人住宅的设计任务。在此过程中，勒·柯布西耶不懈地实践着自己的建筑理念，摒弃繁复装饰，运用简洁的几何形态开创建筑新语言，并充分利用新型建筑材料与结构技术。萨伏伊别墅，以其独特的条件，成为实践这些理念的理想载体（如图6-10至图6-12）。1928年，应萨伏伊夫妇之邀，勒·柯布西耶在巴黎西北郊的普瓦西镇为他们设计了一栋度假别墅。作为勒·柯布西耶现代主义理念的标志性作品，萨伏伊别墅不仅体现了功能至上的设计哲学，更是其众多创作中深刻反映建筑观的杰出代表。在别墅的初始构思阶段，勒·柯布西耶的初衷是采用简明的工业化手法批量生产经济适用房，未曾想这一理念虽未能立即得到大众的认同，却意外地引起了女富豪萨伏伊的浓厚兴趣，于是便促成了这一里程碑式建筑的诞生。萨伏伊别墅所体现的现代建筑准则，对随后半个多世纪的建筑领域产生了持久且广泛的影响。

图6-10　萨伏伊别墅

图6-11　萨伏伊别墅的西北侧外观

图6-12　萨伏伊别墅的底层被架空

萨伏伊别墅亦是勒·柯布西耶早期机器美学理念的代表作，它完美契合了勒·柯布西耶所倡导的新建筑5点原则。底层以细柱支撑，柱距精确控制在4.75米至5米之间；3层平面各具特色，均依据功能需求灵活布局；4个立面被精炼至几乎一致，由一条连贯的水平长窗贯穿；2层特设屋顶花园，提供了俯瞰周边美景的绝佳视角。

萨伏伊别墅的平面布局复杂且精妙，但功能区域却划分得非常清晰。室内采用斜坡道设计，并设有露天庭院。首层采用内缩结构并涂以深绿色，以增强建筑的轻盈感。此层包含门厅、服务用房及车库。从西北侧立面的主入口进入时可以看到，为了配合整体布局，部分轴线上的单柱被巧妙地改为了双柱。坡道与楼梯双重通道的设计，便于通往更高楼层，深刻体现了勒·柯布西耶所重视的建筑漫步设计理念。

巴黎瑞士学生宿舍的设计依旧贯彻着勒·柯布西耶功能主义的设计观点，并采用了多种对比手法，增加了体形的生动性及外观的美观性（如图6-13至图6-15）。

巴黎瑞士学生宿舍的核心布局呈单侧长廊式矩形平面，每间宿舍均配置了大尺寸玻璃窗，以引入充足的光线。至顶层，平面设计略有变动，中央特设日光浴露台，为居住者提供了休闲空间。交通塔楼与宿舍主楼并非严格平行于布局，其弧形墙面与底层辅助用房形成巧妙呼应，三者之间在高度、形态上构成丰富的对比，既有高耸也有低伏，既有直线也有曲线。室内环境采用了深受

图6-13　巴黎瑞士学生宿舍

图6-14　巴黎瑞士学生宿舍的底部被架空

图6-15　巴黎瑞士学生宿舍的钢筋混凝土支柱

勒·柯布西耶影响的建筑色彩搭配体系，营造出独特的空间氛围。

巴黎瑞士学生宿舍的底层采用架空设计，6组混凝土巨柱巧妙内缩，不仅增强了上层建筑仿佛悬浮于空中的视觉效果，而且通过弧线形的塑造，进一步丰富了底层的空间体验。宿舍区域自第四层起，其结构体系与底层相异，转而采用工厂预制、现场组装的金属框架。同时，所有内部隔断墙均选用轻质材料，以实现高效施工与灵活空间布局。巴黎瑞士学生宿舍的结构创新，标志着勒·柯布西耶在建筑工业化探索道路上的重要一步。然而，这座设计简洁而富有新意的建筑在当时却遭遇了来自保守建筑界的批评与指责。

在平面上，巴黎瑞士学生宿舍的底层采用钢筋混凝土结构，2层及以上采用钢结构和轻质材料的墙体，石头饰面被大面积使用，而宿舍房间通过全玻璃立面朝着南面，正对运动场。进入宿舍前，人们要从架空层穿过，在路上欣赏树木的框景，然后回转来到宿舍入口。底层的架空柱与萨伏伊别墅的细长白色圆柱不同，由裸露的混凝土制成，具有极为厚重的体量。

在形态设计层面，巴黎瑞士学生宿舍创新性地采用了非均一的标准层布局与单层裙房的空间构造，这一设计手法随后被众多建筑师广泛采纳。同时，宿舍巧妙地运用了天然材质与人工材质在质感及色彩上的显著差异，以此营造出内部轮廓的丰富变化，使得建筑整体形态避免了单调，呈现出多变且富有韵律感的外观。

巴黎瑞士学生宿舍采用了大量的对比手法来增加立面和造型的层次，如多层建筑与相邻低层建筑之间的对比、上部大体块建筑与底层较小的柱墩之间的对比、玻璃墙面和石墙面之间的对比、方正规则的空间同带曲线的不规则空间的对比、不同质地和颜色之间的对比，这些对比增加了宿舍造型的生动性。

图6-16　马赛公寓

马赛公寓是勒·柯布西耶粗野主义风格的一个典型实例，其诞生背景正值第二次世界大战后城市重建的关键时期。彼时，欧洲饱受战争摧残，民众对于住房的需求激增，且达到了历史高峰。在此背景下，勒·柯布西耶承担起了为马赛地区因炮火摧残而失去家园的居民设计多单元住宅的重任（如图6-16）。

第二次世界大战结束后，勒·柯布西耶的建筑风格经历了显著转变，其特点体现在对自由流动的有机形态的探求，以及对建筑材料本质的表达上。尤其倾向于展示未经过多余装饰、直接呈现脱模状态的清水钢筋混凝土，这一风格后来被界定为粗野主义。马赛公寓的设计不仅深刻反映了勒·柯布西耶在粗野主义阶段的建筑理念，同时也融入了他的城市规划思想。

马赛公寓是勒·柯布西耶在公共住房系列规划中的首个实践成果，该项目于1952年顺利完成。勒·柯布西耶所构想的垂直花园城市概念在此得以体现，它为居民提供了一个集购物、娱乐、居住及社交于一体的综合环境。作为配备有完善服务设施的居住综合体，马赛公寓构成了现代城市结构的一个基本单元。具体而言，其7至8层设置为公共设施及商业店铺，而屋顶平台则配备了幼儿园、托儿所、健身房及一系列生活与休闲设施，共同构建了一个自给自足的社区生态系统。

在空间组织层面，马赛公寓的设计采纳了跃层式的内部平面布局，依据住户规模实施复式配置，且每隔三层设置一条公共通道，此举有效缩减了交通占用面积。马赛公寓的这一空间设置区别于多数采用双侧并列走廊的住宅方案（即走廊两侧各分布居住单元），勒·柯布西耶的创新在于使居住单元横跨建筑的整个宽度，实现了居住空间双倍高度的利用，进而将必需的走廊数量精简至每三层仅设一条。

图6-17　马赛公寓的混凝土柱墩

图6-18　马赛公寓的窗格

就外观而言，马赛公寓的设计运用了粗犷的混凝土柱墩，对钢筋混凝土的质感进行了强调展现（如图6-17）。在结构体系上，马赛公寓选择了钢筋混凝土框架，直观体现了材料与结构的本质属性。外立面未经粉饰，展现出一种质朴而粗犷的美感，而窗户内部则涂以鲜艳色彩，为建筑整体增添了活力，打破了可能存在的单调感（如图6-18）。

马赛公寓堪称前所未有的创举，其规模之宏大，足以容纳大约1600名居民。鉴于勒·柯布西耶以往的作品中别墅项目占比较大，而大型建筑相对较少，因此马赛公寓的设计更显独特。常规情况下，为如此庞大的居民群体规划住宅时，往往会倾向于将建筑水平展开，融入自然景观之中。然而，勒·柯布西耶却选择了一条不同的道路，他构思了一个集多种功能于一体的社区，并将其巧妙地融入现代主义风格的高层住宅体系当中。

朗香教堂是勒·柯布西耶的首个教堂建筑设计作品，坐落于法国东部的一个偏远小镇，被视为宗教建筑领域脱离古典范式的一次开创性变革（如图6-19至图6-21）。作为长久以来朝圣者心中的一片圣地，朗香教堂虽深受哥特式传统建筑的熏陶，但在第二次世界大战后，教堂的建造理念发生了转变，不再追求以往的奢华装饰与繁复的宗教人物雕塑，而是倾向于创造一个简约、无过多修饰的纯净空间。朗香教堂的现代性表现颇具迷惑性，它似乎并不完全契合勒·

图6-19　朗香教堂

图6-20　朗香教堂的独特开窗

图6-21　朗香教堂的背立面

柯布西耶的既定美学观念或国际风格的任何一派，而更像是场地中矗立的一件雕塑艺术品。

朗香教堂因其难以归类的独特性，在20世纪宗教建筑中占据了举足轻重的地位，同时也成为勒·柯布西耶职业生涯中最为耀眼的成就之一。其造型之独特，已难以一眼识别出这是一座天主教堂。它彻底颠覆了西方教堂建筑的传统形态，以大胆的现代设计手法，重新诠释了古老宗教建筑的精髓，但保留了其精神内核。

朗香教堂的设计深刻反映了勒·柯布西耶在浪漫主义时期的建筑思想，广泛运用象征性手法来营造教堂的独特氛围。该教堂坐落于林间，与城镇保持隔离，矗立于小山之巅，其选址本身即蕴含隐喻意义，进一步强化了朗香教堂的显赫地位。与勒·柯布西耶的多数作品呈现的盒式、功能性强及小巧精致的特点不同，朗香教堂展现出不规则的雕塑般形态，主要特征包括倾斜的墙面、屋顶及楼板。从风格与形态层面分析，朗香教堂显得极为复杂。然而就功能布局而言，朗香教堂却相对简洁明了，仅设有两处入口、一个讲台及三个祈祷室。

朗香教堂最为引人注目的特征在于其外观设计，墙体几乎全部为弯曲状，极尽不规则之能事。东墙、南墙与屋顶交接处留有一道狭窄缝隙，以保证光线透入。教堂的立面墙体倾斜，密布着大小不一的窗洞，每面墙都有尺寸各异的方形窗户，与朴素的白粉墙面相映成趣，共同赋予墙体以明亮的特性，而这些特性又在强烈直射光的照耀下显得更为鲜明。在礼拜堂讲台后方的墙面上，光线效果形成了斑点状图案，宛如星光璀璨的夜空。稀疏分布的窗户被十字架上方的一个巨大开口倾泻出的光线所映衬，不仅创造了一种震撼人心的宗教意象，还带来了一种革命性的体验。

朗香教堂的大屋顶呈上翘态势，其表面自东向西逐渐倾斜。屋顶的弧形构造借鉴了飞机机翼的流畅线条，这种流线型设计巧妙地融入了教堂庞大而敦实的整体特征之中，使其显得颇为轻盈。教堂还有3个小龛向上拔起，呈塔状组成竖向构图，外表为白色，质地粗糙。屋顶为混凝土原色，形象单纯而质朴。

在象征手法上，朗香教堂东面的开敞长廊象征着对广大朝圣者的欢迎，卷曲南墙的上升感象征着指向苍天，房屋的沉重封闭象征着安全的庇护所。

6.1.3 路德维希·密斯·凡·德·罗的建筑思想与作品赏析

(1) 建筑思想

路德维希·密斯·凡·德·罗是德国著名建筑师，是钢与玻璃建筑的积极倡导者，被誉为“钢与玻璃建筑之王”，其设计特点是皮包骨的建筑和流动空间（后者是前者的内核，前者是后者的形式）。同时，路德维希·密斯·凡·德·罗还为高层玻璃摩天大楼开拓了新的思路。

路德维希·密斯·凡·德·罗的杰出贡献体现在他对建筑中钢框架结构与玻璃应用的深入探索上，由此发展出一种融合古典均衡美感与极致简约风格的设计理念。其作品以外观的整洁性、结构骨架的显露、空间的灵活流动性，以及细部设计的精炼与精致工艺为显著特征。在其早期创作中，大量采用玻璃窗体，这一特色不仅成为他设计的作品的标志性元素，也奠定了其成功的基石。路德维希·密斯·凡·德·罗的建筑思想大体上可以用两个词来概括，即“少就是多”和“流动空间”。

“少就是多”，这一理念的深层含义可以从我国绵延数千年的传统美学与哲学中细细品味得出。国画大家的意境营造，往往不在于满幅笔墨，而是巧妙地蕴含于那片广阔的留白之中。路德维希·密斯·凡·德·罗提出“少就是多”时，虽未尽显东方人的闲适与恬淡，却充分展现了德国人的严谨与理性。确切来说，“少”非空白，乃是精炼；“多”非拥挤，实为完满。这一理念蕴含着两层深意：其一，简化结构体系，使建筑的内部屏障极少或全无，从而适应多种功能需求；其二，提纯建筑形态，促成由直线和直角构成的规整纯净的钢与玻璃立方体，这既是路德维希·密斯·凡·德·罗设计生涯的显著特征，也是其设计的建筑的标志性风格。

关于“流动空间”这一概念，路德维希·密斯·凡·德·罗在设计上受到了弗兰克·劳埃德·赖特和风格派的深刻影响，致力于营造一种向心式的流动性体验。20世纪初，作为先锋思想，“流动空间”概念应运而生，路德维希·密斯·凡·德·罗所设计的巴塞罗那博览会德国馆以其突破性的空间处理，震撼了欧洲建筑界，它巧妙地模糊了封闭与开放的界限，开创了流动、连贯且分而不隔的空间新典范。这一设计理念后续被发展为“全面空间”，或称“通用空间”“一元空间”，成为路德维希·密斯·凡·德·罗理论体系中的另一关键要素。在“全面空间”这一设计理念的指导下，大空间被巧妙地划分为若干个相互关联的小空间，一旦移除隔断，即可形成一个无边界的统一空间，其布局灵活多变，能够根据需求轻松调整，展现出多样化的形态。

“流动空间”与“全面空间”构成了一对辩证概念。前者旨在实现流动、贯通且隔而不断的整体空间效果，展现向心流动之美。后者则强调一个未加分割的整体大空间，依据功能需求进行划分。

除此之外，路德维希·密斯·凡·德·罗还主张功能服从空间，即建造一个实用、经济的空间，然后在里面配置功能。

（2）作品赏析

在现代建筑历史的璀璨篇章中，巴塞罗那博览会德国馆占据着举足轻重的地位，它作为路德维希·密斯·凡·德·罗“流动空间”理念的杰出典范而广受赞誉（如图6-22）。该展馆坐落于一块长约50米、宽约25米的场地之上，其构成包括一个核心大厅、两间辅助用房、两片水池，以及数道围墙。独特之处在于，这座展览建筑内部几乎空无一物，除了建筑本体与少量桌椅外，未陈列任何其他物品。就功能而言，该展馆被规划为一个展示空间。然而在实际布置时，仅安置了一座雕塑及几件由路德维希·密斯·凡·德·罗亲自设计的家具，以此巧妙地将建筑自身的魅力在其内部连续且开阔的空间中凸显无遗。

在平面上，德国馆的平面虽简单但空间相互穿插，隔墙位置灵活且似乎偶然，并且引入水元素，室内外相互渗透，在空间上阻而不隔，灵活通透，极具流动性（如图6-23）。

图6-22　巴塞罗那博览会德国馆的正立面

图6-23　巴塞罗那博览会德国馆的隔墙

德国馆整体矗立于一个低矮的基座之上，其主厅区域由8根采用十字形截面的钢柱支撑，上方覆盖着一块简约轻薄的屋顶板，尺寸约为长25米、宽14米。隔墙分为玻璃材质与大理石材质两种类型，这些墙体的布局既灵活又显得颇为随性，它们交错分布，部分墙体甚至延伸出去，构成了庭院的围墙。这样的设计营造出了一系列既相互分隔又彼此连通的空间，这些空间呈现出半封闭与半开敞的特性。室内各部分、室内与室外之间实现了相互渗透，没有清晰的界限划分，这一设计堪称现代建筑中“流动空间”的一个经典范例（如图6-24）。

在形态表达上，路德维希·密斯·凡·德·罗构想的德国馆以纯净的轮廓著称，彻底舍弃了非必要的修饰，材料交接处未经柔和处理，直接凸显了材质的原始魅力、自然色泽、肌理及质地，彰显了他在材质选择上的极致追求。具体来讲，地面被灰色大理石覆盖，墙壁选用了绿色大理石。尤其在主厅内，一面独立的隔墙采用了珍贵的白玛瑙石进行装饰。玻璃隔断有灰色和绿色之分，其中一面玻璃墙还融入了精致的雕刻细节。同时，一处水池边缘以黑色玻璃镶嵌。这些色彩各异的大理石、玻璃，与镀铬柱子交相辉映，共同构筑了建筑的高雅、精致与清新之感。

伊利诺工学院的克朗楼作为该校建筑系的教学设施，展现了独特的设计理念（如图6-25至图6-27）。其教室被巧妙地设置于地下区域，而地面部分则呈

图6-24　巴塞罗那博览会德国馆的内部

图6-25　伊利诺工学院的克朗楼

图6-26　伊利诺工学院克朗楼的内部空间

图6-27　伊利诺工学院克朗楼的外立面

现为一个无柱支撑、四周环绕玻璃墙的整体空间大型工作室。为了达成空间的一体化效果，路德维希·密斯·凡·德·罗决定去除通常位于顶棚的横梁，转而采用在屋顶上方架设4根大梁的方案，以此来悬挂整个屋面结构。

克朗楼由两层构成，其中位于室外地面以上1.8米处的层面作为主教学工作室区域，拥有5.4米的层高，其余功能区域则被安排在采用高窗采光的半地下层。整个内部空间由落地玻璃窗环绕，这些玻璃幕墙的主要支撑结构为间隔3米的工字形钢柱，它们作为核心结构元素直接展露于外墙表面。玻璃外墙在水平方向上被划分为两个部分，接近地面的区域采用了磨砂玻璃，以减少外界环境的干扰，而上部则选用了透明玻璃，这一设计不仅有效减轻了大型天花板可能带来的压抑感，同时还将自然光线与树影引入室内，营造出宜人的环境。

现实中，学生们对于在一个偌大的毫无遮挡的空间当中学习表现得极为不满，但是对路德维希·密斯·凡·德·罗而言，建筑的功能并非一成不变，但是它的形式是恒久的。路德维希·密斯·凡·德·罗在伊利诺工学院创造出了一个巨大而纯净的空间，60多年过去了，矗立至今的克朗楼依旧自由、生动、鲜活。

范斯沃斯住宅是路德维希·密斯·凡·德·罗于1945年为美国的一位单身女医生范斯沃斯所设计的，该住宅于1950年竣工。这座住宅在形态上仿佛一个悬空的、四边皆为透明材质的盒子，其外观呈现出简洁明快、高雅独特的风貌。所有外露的钢结构均被涂以白色，与周遭的树木和草坪形成了和谐的景观对比。得益于玻璃墙面的全透明设计，住宅内部的视野极为开阔，使得建筑的空间布局与周围的自然景观融为一体，相得益彰（如图6-28至图6-30）。

住宅的平面由两个长方形构成，室内外由方形平台过渡。除当中一段服务性房间以外，其余全是虚的、玻璃幕墙的方盒子。在结构上，柱子贴在房檐外，表现为焊接工艺，结构精简。

事实上，这座全玻璃构造的住宅更多地被视为路德维希·密斯·凡·德·罗建筑理念的一次实验性尝试，而在居住便捷性上则略显不足。路德维希·密斯·凡·德·罗秉持的观点是这种透明设计能够促进住宅内部空间与外界空气的自由流通，然而在居住者的视角下，这样的设计无疑将居住行为暴露于公众的视野之中，严重缺乏私密性。因此，路德维希·密斯·凡·德·罗曾遭受到房屋所有者的质疑，该住宅也因此被冠以“难以居住的理想居所”之称。

图6-28　范斯沃斯住宅

图6-29　范斯沃斯住宅的平台

图6-30　范斯沃斯住宅的内部

芝加哥湖滨公寓是路德维希·密斯·凡·德·罗的钢与玻璃建筑大楼的典型代表作，是新摩天大楼的原型，也是路德维希·密斯·凡·德·罗第一次真正实现全玻璃外墙的高层建筑（如图6-31）。

建筑的主体是两座长方形平面的大楼，向外暴露钢骨架结构，立面上的垂直宽缘工字梁是重要的元素，它们投射出的阴影赋予了塔楼一种强烈的轮廓感，这种效应会随着太阳位置的变化而增强。建筑中的工字钢不仅可以加固窗棂，还具有美学效果（如图6-32）。这一建筑形式后来成为美国乃至全球范围内流行的玻璃盒状摩天大楼的原型，并被广泛认知为“密斯风格”。

图6-31 芝加哥湖滨公寓

图6-32 芝加哥湖滨公寓的立面工字钢

6.1.4　弗兰克·劳埃德·赖特的建筑思想与作品赏析

(1) 建筑思想

弗兰克·劳埃德·赖特是美国最伟大的建筑师之一，他所秉持的建筑哲学核心在于促进建筑物与周遭环境的和谐共生，摒弃了对房间数量的传统束缚，力求打造出更为开放、灵动且多变的动态空间。其早期思想以蕴含田园风情的“草原住宅”理论为典范。随着时间的推移，后期逐渐演进为以“有机建筑”理论为代表的建筑理念。

“草原住宅”主要针对美国当时的中产阶级而设计，集中位于芝加哥的郊区地带。在设计上，它追求创新，彻底摒弃了折中主义的传统束缚。其平面布局多采用十字形，以壁炉为核心进行空间组织，特征包括较大的出檐和较低的层高。建筑外形精准地体现了内部空间的特征，外部展示着砖石的自然色彩，而内部结构则主要以砖和木材构成。弗兰克·劳埃德·赖特设计的罗比住宅是这一风格的典型代表。

“有机建筑”是一种源自内在并向外展现的建筑理念，其核心在于追求整体性，被视为一种“顺应自然的建筑”。它倡导与自然的融合，使自然元素成为建筑不可或缺的组成部分。弗兰克·劳埃德·赖特强调，建筑的本质在于空间，空间与形式需相互协同，以实现整体性的设计目标。

此外，“有机建筑”还高度重视建筑的人性化维度，更多地关注人的心理需求。在结构与材料的选择上，它力求展现自然的本真面貌，认为装饰不应是外加的附属品，而应是建筑本身自然生长的结果。“有机建筑”虽主张简洁，但也并不排斥适当的装饰。

关于“有机建筑”理念对待传统建筑形态的立场，其核心在于深刻洞察历史背景中孕育的传统多元因素，并立足当下，明晰了应如何在现有语境中前行，这才是对传统建筑形态的恰当传承与创新，绝非机械地模仿过往形态。此外，该理论强调，作为人类助手的机器，其特质应自然融入建筑风格中。“有机建筑”在汲取浪漫主义建筑精华的同时，也剔除了其不适用的成分。

（2）作品赏析

流水别墅，又名考夫曼住宅，是弗兰克·劳埃德·赖特为考夫曼家族匠心独运设计的一座度假屋（如图6-33）。这座宅邸占地约380平方米，3层结构，其中心为第二层（即主门层）的客厅，其余空间环其而设。在外观构思上，流水别墅强调几何体块的精妙拼接，营造出强烈而立体的雕塑感。楼层错落有致，底层平台横向延展，而中层平台则向前方挑出，数面挺拔的石墙巧妙镶嵌于平台间，形成震撼的视觉效果。清澈的溪水自平台下潺潺流过，建筑与自然景观，如水、石、树等共生共融。建筑矗立于瀑布之上，与四周环境无缝衔接，其形态和布局宛若自然生态的天然延伸。

流水别墅的布局灵活多变，室内与室外空间相互渗透，形成流动的空间体验。建筑造型高低错落，最高点在第三层，体块自由穿插，垂直与水平墙面的交错对比，营造出丰富的光影效果。

在设计上，流水别墅从两个维度进行拓展。垂直方向上通过增加楼层高度，以扩大建筑面积和房间数量。水平方向上则通过加深悬挑，增加起居活动的空间（如图6-34）。流水别墅紧邻悬崖的一侧与地基紧密结合，而其余3个方向则通过水平悬挑的方式向周围环境延伸。强烈的水平与垂直线条感，构成了流水别墅的一大显著特征。

图6-33　流水别墅

图6-34　流水别墅的出挑

在材料选择上，流水别墅采用了当地开采的砂岩。墙体由不平整的砂岩层层堆叠而成，保留了石头的原始风貌。室内地面同样铺设了表面凹凸不平的石材，并经过打蜡处理，使得起居空间自然延伸至室外（如图6-35）。

西塔里埃森位于美国亚利桑那州斯科茨代尔附近的沙漠地带，是弗兰克·劳埃德·赖特为冬季居住及工作所建的一处综合性场所，兼具总部功能与工作室用途（如图6-36至图6-38）。

西塔里埃森被喻为沙漠中扬帆起航的巨舰，是一组巧妙融入周遭自然环境的建筑群，仿佛是大地自然生长出的植被。该建筑群广泛采用当地特有的红木构建屋顶结构，而清水砖墙作为设计元素频繁出现，这些用料都精准地彰显了材料的质感、色调与工艺细节。建筑主体由本地石块与水泥构筑，展现出质朴而沉稳的风貌。

图6-35　流水别墅的内部空间

图6-36　西塔里埃森

图6-37　西塔里埃森的内部空间

图6-38　西塔里埃森的内院

西塔里埃森的内部设计灵活多变，不拘泥于固定格式，呈现出自由随性的氛围。弗兰克·劳埃德·赖特将主要功能区域整合于统一的结构体系之下，形成了一个有机的建筑整体。主建筑的内部布局，自西向东依次为以帆布为顶的绘图室、厨房、餐厅，以及一个面向北方开放的凉廊。随后是一个“L形”区域，这里是弗兰克·劳埃德·赖特的私人生活区，内含卧室、客厅、花园房等大小不一的空间。通过一个精巧的小水池，“L形”区域与东侧的“U形”区域相连，后者围绕着一个由石头砌成的花园，这里是学徒们的居住区，同时也配备有音乐会与电影观赏的空间。在平面的最南端，延伸出一个下沉式花园，并设有一个堪称奢华的三角形水池，宛如沙漠中的一片绿洲。靠近东侧则设有一个开阔的露台，露台外仅一组低矮石墙之隔便是广袤无垠的沙漠景观。

古根海姆博物馆群是所罗门·R.古根海姆基金会所拥有的博物馆的集体称谓，在国际上声名显赫，是首屈一指的私立现代艺术博物馆。其通过连锁经营的方式，构建了一个别具一格的艺术展示网络。这一博物馆群自1937年起开始呈现集合体布局，主控中枢设在美国纽约。在全球范围内，还有西班牙毕尔巴鄂、意大利威尼斯、德国柏林及美国拉斯维加斯等4个分支展馆。尤为引人注目的是，弗兰克·劳埃德·赖特设计的位于美国纽约的古根海姆博物馆总部。

古根海姆博物馆总部矗立于纽约市某街道转角，其外观独树一帜，与周遭建筑迥异，既像是一只精致的茶杯，又像是一根庞大的白色弹簧，其螺旋状的结构亦让人联想到海螺的形态。建筑外观以向上且向外延展的螺旋方式设计，内部则由曲线与斜坡引导至第六层，营造出一种可塑性的空间感，层级的传统概念在此被淡化乃至消除。顶部配置的玻璃圆顶引入了自然光线，螺旋结构的中部开辟了一个开放区域，这里受益于圆顶的采光设计（如图6-39至图6-42）。

图6-39 古根海姆博物馆总部

图6-40 古根海姆博物馆总部的外观形态

图6-41 古根海姆博物馆总部的中庭

图6-42 古根海姆博物馆总部中庭的屋顶

在平面布局上，古根海姆博物馆总部被划分为展览区与办公区。展览区采用了倒置的螺旋形空间设计，高约30米，顶部装饰以花瓣形状的玻璃顶，周围是逐层盘旋升高的挑台，地面则以3%的轻微坡度缓缓升起。展览区的参观流程被设计为观众首先搭乘电梯至最高层，随后沿斜坡下行，馆里的展品悬挂在斜坡两侧的墙面上，整个参观路径长达430米。这一设计无疑比传统的参观流程更为生动有趣，氛围也更为轻松愉悦。

古根海姆博物馆总部的内部空间展现出多层性、包裹性、环绕性及封闭性等特征，同时又不失自由流畅的本质。弗兰克·劳埃德·赖特摒弃了传统博物馆以房间为单位进行布局的做法，他主张观众的参观体验不应受限于往复进出的固定流线。因此，一条环形坡道在馆内自地面优雅升起，直通至圆形中庭顶部的天窗之下，引导观众的参观路径。然而，这种独特的造型与空间配置也带来了一系列挑战。其高度封闭和个性化的形态与周边环境形成了鲜明对比，显得格格不入。同时，螺旋形展廊的上下蜿蜒给展品的观赏带来了不便，而倾斜的坡道与墙面既不利于展品的妥善安置，也影响了观众的视线与观赏体验。

1904年，弗兰克·劳埃德·赖特接受委托为拉金肥皂公司在美国纽约设计了一栋办公楼——拉金公司大厦（如图6-43）。该建筑的内部特色在于其玻璃天花板覆盖的天棚环绕着4层高的走廊，这一设计手法与前一年竣工的阿姆斯特丹交易所的内部空间有着异曲同工之妙。

在外观设计上，拉金公司大厦摒弃了传统风格，除了极少数的装饰元素外，主要采用了朴素的清水砖墙。值得注意的是，大厦的入口并未设置在立面中央，而是巧妙地置于一侧的凹陷处，这在当时是一种颇为前卫的设计手法。

拉金公司大厦建成后被赞誉为“工作大教堂”，因为它庄严宏伟的外观、鲜明的轴线布局，以及类似教堂中庭的空间设计寓意着劳动具有宗教般的道德价值（如图6-44）。此外，弗兰克·劳埃德·赖特还为该建筑配套设计了餐具柜等具有本土特色的家具。无论大小，所有设计均遵循统一的形式规范。

拉金公司大厦以带有玻璃顶光的中庭为特色，成功地将自然光线和空气引入室内空间，这是对传统城市建筑类型在垂直方向上的创新改造。在体量上，拉金公司大厦仿佛是对埃及牌楼门的一种抽象诠释。弗兰克·劳埃德·赖特对简洁棱角的偏爱，又使这座建筑略带维也纳分离派展览馆的风韵。

图6-43　拉金公司大厦

图6-44　拉金公司大厦的中庭

拉金公司大厦的复杂性设计，使其在沙利文（弗兰克·劳埃德·赖特曾在其事务所工作）设计的温莱特大厦的基础上实现了进一步的超越。不仅在外观上体现了形式与功能的辩证关系，建筑内部也同样如此。整体而言，这座建筑呈现出一种令人瞩目的纪念性氛围。

6.2　后现代建筑大师与作品赏析

6.2.1　罗伯特·文丘里的建筑思想与作品赏析

（1）建筑思想

罗伯特·文丘里是美国著名建筑师，是后现代主义建筑的奠基人，他的后现代主义理论和实践引发了后现代主义建筑运动。罗伯特·文丘里主张将装饰主义确立为建筑领域的一项核心形式原则，旨在打破现代主义与国际主义风格中反装饰主义的单一统治，通过装饰主义的手法来消解现代建筑的僵硬、乏味及排他性框架。罗伯特·文丘里批判理性主义过度聚焦于功能，而忽略了事物的复杂多样性和内在矛盾。

在对待历史的态度上，罗伯特·文丘里强调文化的传承，主张运用历史符号来装点建筑。他认为，通过提炼历史上不同时期、不同风格建筑的元素，并以折中的方式融入新建筑设计中，可以增添建筑的趣味性和深度。此外，罗伯特·文丘里高度评价了美国的大众文化，认为其符合新一代的审美追求，具有深远的价值和意义，理应被融入建筑创作中。

罗伯特·文丘里持续探索一种既典雅又富含装饰性，兼具历史韵味与折中主义精神的建筑形式。同时，他也并未忽视简洁、明快的造型设计。他进一步提出了“少即是烦”的观点，倡导建筑应追求复杂性和生命力，因为“少”往往意味着与环境脱节、外观单一、缺乏内涵，使建筑显得呆板无趣。他还大力颂扬商业文化和通俗文化，认为建筑形式上的多样性实际上是多元性的体现，对于丰富建筑风格的多样性具有积极的正面作用。

（2）作品赏析

母亲住宅，又名文丘里住宅，是后现代理论著作《建筑的复杂性和矛盾性》最好的注脚（如图6-45）。

图6-45　母亲住宅

在外观的设计上，母亲住宅的正立面巧妙地汲取了历史建筑的灵感与构成元素。具体而言，罗伯特·文丘里选用了三角形山花墙作为装饰，但并未止步于传统，而是明显采取了折中主义的手法，对三角形进行了创新的解构，打破了其原有的完整性。为了确保视觉上的连贯性与和谐，罗伯特·文丘里又巧妙地运用圆弧元素进行连接，使得整体设计在视觉上避免了割裂感。这种处理手法看似矛盾，实则巧妙地展现了建筑形式中既统一又对立的美学原则。

该建筑左右两侧窗户的设计同样独具匠心，其大小不一的排列方式打破了传统建筑中的秩序感与规则性，呈现出一种自由而富有变化的美感。

在屋顶的设计上，罗伯特·文丘里摒弃了简单的平屋顶方盒子形式，转而采用了更具传统韵味的坡屋顶（如图6-46）。然而，这并不是对传统形式的简单复制，而是在其基础上进行了创新性的变化与改良，从而形成了一种全新的屋顶形式。这种创新不仅为建筑设计界带来了新的活力，更使得后现代主义设计在20世纪60年代成为主流审美趋势。

图6-46 母亲住宅的屋顶设计

图6-47 母亲住宅的内部空间

在建筑内部，首层空间内的烟囱与楼梯被精妙地结合，两者相互缠绕。鉴于内部空间相对狭小，以至于难以满足实际的功能需求，这些小空间在相互矛盾中互相依存，既展现了统一性，又体现了对立性，自然而然地映射出家庭生活的细微琐碎与丰富多彩（如图6-47）。

在罗伯特·文丘里的设计理念中，首要考虑的是母亲的需求，即行动不便，日常应尽量避免使用楼梯。因此，在设计时他将所有功能性空间，包括主卧、客厅、起居室、厨房及餐厅等，均安排在了房屋的首层，而第二层则设置为他自己的工作室及一间小卧室。

母亲住宅虽规模有限，结构简约，但其独特的设计与空间布局却精准地契合了家庭成员的实际需求。

2008年，罗伯特·文丘里夫妇成功打造了坐落于美国费城的圣公会学院教堂，该教堂被称为是一座既具标志性又实用多能的校园地标建筑（如图6-48）。

该建筑的形态别具一格，融合了多层石砌墙壁与高耸的天窗设计。利用两层天窗与墙壁间的间隔，实现了有效的通风与采光，而透入的光线则以柔和的光晕效果呈现。

在教堂内部，扇形的平面布局使得信徒们既能相向而坐，亦能面向圣坛。这种安排增进了社区内的团结感，且自设计之初便获得了牧师的赞同（如图6-49）。

图6-48　圣公会学院教堂

图6-49　圣公会学院教堂的内部空间

图6-50　自由广场

自由广场，原名西广场，建于1980年，由罗伯特·文丘里设计，是美国华盛顿哥伦比亚特区的一个开放广场，也是一个举行政治抗议和民权活动的热门地点。该广场位于西北区14街和宾夕法尼亚大道转角，毗邻潘兴公园，主要使用石头建造。该广场高出路面，西端是一个大喷泉，东端则是卡齐米日·普瓦斯基的骑马雕像（如图6-50）。

6.2.2　迈克尔·格雷夫斯的建筑思想与作品赏析

（1）建筑思想

作为20世纪末至21世纪初，建筑界极具影响力的人物之一，迈克尔·格雷夫斯凭借其独树一帜的设计理念和深厚的艺术热情，在建筑领域赢得了广泛赞誉。他不仅是美国的一位杰出建筑师，同时也是一位卓越的建筑教育家，更是后现代主义建筑风格的领军人物。在职业生涯早期，他的作品深受勒·柯布西耶的影响。后来，他更加专注于探索空间结构的连贯性，以及文脉的延续，力求在建筑创作中融入诗意、幻想，以及富含深意的符号隐喻，从而赋予建筑多重象征性含义。尽管他设计并建造的建筑作品数量有限，但其中不乏特色鲜明、引人注目的方案，这些作品对美国建筑设计领域产生了深远影响。

迈克尔·格雷夫斯通过对装饰和美学的强调，将后现代主义带入人们的视野，并且笃定地坚持他的设计哲学。迈克尔·格雷夫斯喜爱使用明快的色彩和从古典建筑中抽象而来的鲜明的建筑元素，形成了他作为设计者的独特风格。

（2）作品赏析

波特兰市政厅被视作后现代主义建筑领域首个具有重大意义的作品，其外观呈现出纪念碑般的庄重，表面布满了各式各样的符号元素，这与当时盛行的功能主义现代建筑风格形成了鲜明且刻意的对比（如图6-51、图6-52）。正如迈克尔·格雷夫斯所阐述的，该建筑代表了一种象征性的表达，旨在努力重构建筑语言，并试图避免陷入现代主义所带来的同质化困境之中。

该建筑旨在构建一个沟通历史与现代的连续性综合体，其以3层坚固的基座为基底，其上矗立着12层高的主体结构，墙面广泛采用象牙白色调，并点缀以深蓝色的方形窗户。在正立面的核心区域，从第十一层至第十四层，设计了一个宏大的楔形构造，它宛如古典建筑中放大版的锁心石，或可类比为一个巨型的斗状结构，这一斗状结构的中心巧妙地融入了一个抽象且简化的希腊神庙设计。紧邻其下的是一面镶嵌有蓝色镜面玻璃的巨大墙面，玻璃上的棕红色垂直条纹营造出超乎寻常尺度的柱子视觉效果。在这些柱子之上，建筑正面的

图6-51　波特兰市政厅

图6-52　波特兰市政厅的正面

中央位置突出了一层楼高的装饰性元素，形态类似风斗，而两侧柱头之上则装饰有醒目的深蓝色横条，仿佛是用来包装礼物的彩带或是象征密封的飘带，增添了几分艺术气息。遗憾的是，迈克尔·格雷夫斯原计划在屋顶增设一个古典庙宇风格的农村式屋顶，但这一设想未能付诸实践。

该建筑稳固地立于两层基座之上，这一设计灵感源自希腊式的基座结构，整体布局遵循了经典的三段式原则，即基座、主体与顶部。此外，迈克尔·格雷夫斯还巧妙地运用色彩赋予了建筑象征意义，如绿色代表大地、蓝色象征天空，从而在视觉上实现了建筑与其周围环境及地理位置的和谐统一。

6.2.3　矶崎新的建筑思想与作品赏析

(1) 建筑思想

矶崎新是日本卓越的建筑大师与城市规划者，同时也是后现代建筑风格的重要代表人物，于2019年荣膺建筑界的最高荣誉——普利兹克奖。他的建筑杰作遍布世界各地且影响深远，如日本筑波市政中心、日本兵库县西胁市的图形设计博物馆、美国纽约布鲁克林博物馆的扩建部分，以及美国洛杉矶当代艺术博物馆等。这些标志性建筑不仅体现了严谨的现代主义建筑理念，还巧妙地镶嵌了古典主义的布局与装饰细节。同时，它们也展现了东方美学的精妙与独一无二的装饰特色。因此，矶崎新被公认为亚洲建筑界不可或缺的重要人物与典范。

矶崎新始终秉持着一个观点，即建筑的核心理念相较于实体建筑本身具有更为核心的地位。建筑一旦落成，虽能暂时处于理想状态，却难逃岁月侵蚀，终将以某种形式走向衰败。然而，建筑背后的观念却是永恒不朽的，即便建筑实体消逝，这种观念仍能以时代印记或记忆的形式深植于人们的心中。

在矶崎新看来，建筑创作的起点应源自个人，他视个人主义为创造力的根本源泉。其建筑风格中高度个性化的表现手法与特征，正是他自我表达的重要方式。

在矶崎新的建筑设计中，整体与部分之间的冲突与自主性尤为突出，这构成了他作品风格的显著特征。其创作充满了差异、冲突与悖论，彰显了建筑的多元与深度。矶崎新提倡，建筑的各构成部分不必映射出整体的面貌，每一个元素都应保持其独立性，在设计时仅需关注其个体状态，不必考虑与全局的联系。尽管矶崎新的建筑在几何空间布局上看似简练，但实则背后有扎实的理论基础和丰富的文化底蕴作为支撑。

矶崎新的建筑理念根植于日本文化中“间”的概念。“间”这一哲学思想蕴含着抽象且丰富的时空观念，广泛渗透于日本的文化、艺术及日常生活的方方面面。日文中的“間”，由“門”与“日”组成，其古体字“閒”生动描绘了“月光从门缝中透入”的意境。对于城市规划，矶崎新有着独到的见解。20世纪60年代初期，他质疑静态绝对的城市规划，倡导过程性的城市规划理论。进入20世纪70年代，他继续探索无形城市，尝试将先进的电子概念融入计算机辅助的城市设计，提出了电脑城市的构想。到了20世纪90年代，他创新性地提出了海市尺计划，以一种前所未有的方式，通过实验性思维绘制未来城市的蓝图。这种建筑与城市规划的哲学，体现了矶崎新对空间、时间与文化深度的独到理解，以及他不断探索与创新的精神。

（2）作品赏析

大分县立图书馆是矶崎新在其建筑职业生涯初期的设计作品（如图 6-53、图 6-54）。彼时，作为一位刚从丹下健三工作室出来自立门户的新锐设计师，矶崎新凭借这一杰作赢得了日本建筑学会的极高赞誉，一跃成为被建筑业寄予厚望的青年才子。当时的矶崎新与新陈代谢派保持着较为紧密的联系。然而，尽管深受这一流派的影响，但他的设计理念却与新陈代谢派所憧憬的光明未来大相径庭，展现出更为内敛和封闭的思考。这一独特视角的根源可追溯至他 14 岁那年目睹的终战日景象，那日的蔚蓝天空与之下绵延不绝的废墟残迹，深深地烙印在他的心中。因此，他的建筑设计以此为思想基石，并非朝向乐观的未来展望，而是时常伴随着废墟的沉重意象。

图 6-53 大分县立图书馆

图 6-54 大分县立图书馆的阶梯

该建筑的组织结构灵感源自对人体构造的深刻类比，其主要的实现手段是通过暴露的混凝土结构，以及巧妙设置的天窗与窗户，使得自然界的光明与阴暗能够直接渗透至建筑内部。

该建筑被截断的横梁象征着流动物质在静止瞬间的状态，隐喻着生长与消亡的循环，预示着未来可能沦为废墟的景象。

在职业生涯的早期阶段，矶崎新积极参与了日本战后的重建工作，其创作的作品中深刻融入了关于废墟遗迹与重建复苏的记忆元素。位于筑波科学城内的筑波市政大厦，作为矶崎新转型时期的标志性作品，于1983年顺利竣工（如图6-55）。这座大厦坐落于筑波市——日本战后首批新兴城市之一，不仅是当地政府的办公场所，也是市民的活动中心，旨在同时唤醒人们对废墟与重建双重记忆的关注。该建筑功能全面，集音乐厅、信息中心、酒店住宿、餐饮服务和购物中心于一体，这些设施共同构成了城市活力再生所必需的全部要素。

在中心区域，该建筑设计了一个椭圆形的下沉式广场，广场的一角还巧妙地设置了人工瀑布跌水景观（如图6-56）。矶崎新在广泛汲取历史与当代多种建筑风格的基础上，进行了适度的创新与融合，将多种元素有机地组织进了建筑群中，从而展现出了后现代主义建筑师常用的隐喻手法、象征意义，以及多元共生的审美情趣。

图6-55　筑波市政大厦

图6-56　筑波市政大厦的下沉广场

筑波市政大厦的整体建筑设计以“L形”布局展现，其构思直接汲取自米开朗琪罗所创作的罗马卡比多山市政广场，是对这一经典之作的现代诠释与拓展。在矶崎新的创作中，西欧历史主义建筑的风格元素被巧妙地融入，他特有的剧场感、子宫感、双意象、迷宫特性、象征意义及对比手法，以精妙方式播撒着各式隐喻与线索。特别是锯齿状柱子的设计，是对勒杜柱式的一次革新演

图6-57　上海交响乐团音乐厅

绎，为建筑语汇增添了更为丰富的层次。

上海交响乐团音乐厅，坐落于上海市复兴中路1380号，其总建筑面积达19 950平方米，包含了一个1200席位的演奏大厅及一个400席位的室内乐演奏小厅，是国内首例采用弹簧支撑系统的全浮式建筑（如图6-57）。该音乐厅融合了最前沿的多媒体技术，大厅内置的10块反声板不仅具备卓越的声学性能，还能实现画面同步投影，支持与全球任意地点的双向传输与同步演出。此外，室内乐演奏小厅还配备了3D录音棚功能，有效填补了上海市在大型专业交响乐团录音设施方面的空白。

为了有效隔绝邻近地铁10号线运行所产生的噪声与震动，该音乐厅创新性地采用了隔振器技术，这一举措也标志着它成为上海市首个实现全面悬浮的建筑。该音乐厅虽身处繁华地段，却独享宁静，并且还是历史风貌保护区。矶崎新的设计团队在如何使新建筑与周边居民生活和谐共存，以及在老式建筑群中保持协调、不突兀等方面进行了深入的思考与精心的设计。

在建筑外观的塑造上，设计团队巧妙地运用了黏土砖、灰砖、瓦片等传统建材，共同打造了上海交响乐团音乐厅质朴而又不失格调的外立面。据矶崎新上海工作室的合伙人胡倩透露，音乐厅的屋顶采用了干挂陶土砖的烧制工艺，不仅使屋顶呈现出简约、轻盈且新颖的外观，还增添了独特的艺术魅力。为了进一步提升建筑的灵动感，设计师们对陶土砖进行了粗犷化处理，并巧妙地将黄、红、灰、黑等4种颜色的砖块进行自由搭配与穿插，在立面及80米长的互动长廊等公共区域内，营造出了一种更加生动活泼、轻松愉悦的氛围。

在确保满足音乐厅基本需求的同时，该建筑的高度被有意识地降低，有超过三分之二的工程均位于地下，主厅的最高点也仅提升至17米的高度。鉴于音乐厅的功能性要求，该建筑的规模已无法进一步缩减。因此，同济大学建筑设计研究院提议将音乐厅位置后移，前方则设置一道高度为1.5米的软性绿篱墙。在第

图6-58　上海交响乐团音乐厅的主厅

二层，又规划了一个4.5米高的绿色走廊。这样一来，从街道的特定透视角度看去，石墙的比例得到了优化调整，建筑立面的层次感得到了增强，既契合了行人步行街道的感官体验，也满足了视觉上的多样化享受。绿色植被还蔓延至造型多变的阳台上，考虑到音乐厅办公区域与周边住宅楼相距较近，为了缓解居民与工作人员可能感受到的隔阂感，阳台上的植物带起到了良好的缓冲作用（如图6-58）。

该音乐厅的主厅配备了1200个座位，融合了传统的封闭式布局与现代的葡萄园式设计。所谓封闭式，即舞台与观众席有明确的界限，所有观众均面向同一方向观看表演，而观众的视觉与听觉体验会随着座位位置的不同而有所差异，这一模式在众多传统音乐厅中得到了广泛应用。

此外，该音乐厅的建造不同于普通建筑，其对声学效果的极致追求增加了设计的复杂性。在设计过程中，矶崎新的设计团队与日本的著名声学设计师丰田泰久进行了广泛的合作，以确保建筑能够达到最佳的声学效果。

洛杉矶现代艺术博物馆作为美国战后当代艺术领域规模最大的收藏机构，拥有超过5000件涵盖油画、摄影、雕塑及新媒体在内的艺术作品，在博物馆界有着极高的地位与声望（如图6-59、图6-60）。

图6-59　洛杉矶现代艺术博物馆

图6-60　洛杉矶现代艺术博物馆的一角

矶崎新对这一建筑进行了巧妙的构思，赋予了其沉没的姿态，身披红色砂岩外衣，与邦克山区域那些高耸入云的玻璃及钢结构建筑形成了鲜明对比。步入博物馆，首先映入眼帘的是一座拱门，它引领着访客进入一处地下梯田式庭院，庭院之下及四周环绕着公共画廊空间。整栋建筑共7层，其中仅有4层的楼面高出街道水平面。

该博物馆行政办公区域的屋顶采用了独特的桶形设计，矶崎新在建筑设计上虽采纳了传统的形式与形态，但多加以抽象化处理。建筑与庭院空间的互动，则巧妙汲取了东亚传统建筑哲学的灵感。该博物馆开业初期，沿格兰德街人行道一侧无窗的空白墙面曾遭到批评家的讥讽。然而，矶崎新的这一设计意图在于让建筑内部朝向并聚焦于加利福尼亚广场的未来发展。

6.2.4 詹姆斯·斯特林的建筑思想与作品赏析

(1) 建筑思想

詹姆斯·斯特林是英国的杰出建筑师，于1981年荣获第三届普利兹克奖，是现代建筑发展历程中的一位先驱人物。他不仅设计出众，而且著述颇丰，其文章与著作对历史上及当代的建筑师均产生了深远的影响，因而被誉为建筑运动的倡导者与评论家。詹姆斯·斯特林凭借一系列高质量的建筑设计作品，对英国、德国及美国等国的建筑设计展产生了显著影响。詹姆斯·斯特林的职业生涯横跨现代主义与后现代主义两个时代，在长达数十年的设计实践中，他始终坚守现代主义的创作理念，然而其作品风格却并非一成不变，而是随着时间的推移，由早期的纯粹抽象逐渐演变为抽象与实体性的巧妙融合，充分展现了他的创新才能与艺术创造力。

詹姆斯·斯特林的设计理念在某种程度上受到了战后建筑思潮的启迪，以下是对其终身设计哲学的几点归纳。

第一，顺应自然与促进发展。詹姆斯·斯特林被誉为“在限制中展现非凡创造力”的大师，他拒绝盲目追随潮流或形式主义的束缚，其作品以多样性和风格的突变著称。他始终坚持设计应如自然般顺势而生，不可强求。詹姆斯·斯特林在设计时从不拘泥于风格的统一性，而是全力寻找最适合每个项目的解决方案。

第二，尊重历史与文脉。当今建筑设计的显著特征之一是对文化背景的尊重，这与20世纪50年代形成了鲜明对比，当时这一理念尚未被广泛认同，詹姆斯·斯特林却前瞻性地洞察了其价值，并着手研究英国传统建筑的风格精髓。詹姆斯·斯特林的设计哲学体现为细致考量新建筑与周围环境的融合，确保新增部分既谦逊又和谐，同时强调在材质选择、色彩搭配和结构比例上与邻近建筑保持一致，巧妙提炼旧建筑的细节，确保传统特色得以传承，并且新建筑要独具一格。早在1957年，詹姆斯·斯特林就将19世纪劳工住房的元素融入了普雷斯顿住宅项目，设计出看似全无现代感的建筑。1976年，詹姆斯·斯特林在柏林进行的克劳画廊修复项目，更是这一设计理念的杰出实践。

第三，材料与色彩的灵活运用。在材料与色彩的运用上，詹姆斯·斯特林显得尤为自由不羁，他从不因风格限制而排斥某些材料。他喜爱通过不同材料的混搭与拼接来实现理想效果，且较少使用真实材料，更倾向于利用饰面材料进行随意创作，从而塑造出独具特色的风格。詹姆斯·斯特林频繁使用石材，以满足对纪念性风格的需求，但并不局限于石材，而是常将传统石材与各种新材料结合使用，运用新颖的手法来处理传统材料，以达到更佳的对比效果。

（2）作品赏析

莱斯特大学工程系大楼的设计工作由詹姆斯·斯特林与詹姆斯·高文携手完成，结构工程方面的工作由弗兰克·纽比完成，这座建筑在当时被广泛认定为是当地最具代表性的重要建筑之一（如图6-61、图6-62）。

图6-61 莱斯特大学工程系大楼

图6-62 莱斯特大学工程系大楼正面

该建筑的外观采用了红砖砌体与全高玻璃的大胆融合，其外观显著区别于校园内其他的规划建筑，其构成包括两座相互连接的塔楼、紧邻的工作区及实验室设施。两座悬臂式讲堂之上，矗立着相连的塔楼，据说塔楼的设计灵感源自航母的上层构造。工作区被设计为单层结构，采用类似工业厂房的斜顶设计，仅允许北侧光线穿透。实验室设施的顶部特色在于嵌入了呈45度角的菱形玻璃室，其独特的屋顶融合了两种玻璃材质，一种是内含玻璃纤维的半透明夹层玻璃，另一种是涂铝处理的不透明玻璃，二者的差异在夜间建筑照明时尤为显著。工作区与实验室设施展现了工业建筑的刚劲风格。

该建筑的形态非常明确，几乎从任一视角都能准确把握其本质特征。其形式虽丰富多变，却无冗余之感。更重要的是，该建筑尽管设计新颖，却未显怪异。作为一座功能性建筑，它融合了工厂般的实验室与教室，给人以“学习工厂”的深刻印象。

1981年，凭借德国斯图加特国立新美术馆的设计，詹姆斯·斯特林荣获了第三届普利兹克奖（如图6-63至图6-65）。

斯图加特国立新美术馆构成了一个建筑群，涵盖了新美术馆、音乐教室、剧场、图书馆及办公设施等，建筑主体由上层陈列室与下层讲堂、餐厅等共同组成。其建筑设计及平面配置虽繁复多变，但整体风格上对历史遗迹保持了敬意，这一点通过与周边建筑相融合的多边形块状布局得以体现。新美术馆的平

图6-63　斯图加特国立新美术馆

图6-64　斯图加特国立新美术馆的内部空间

图6-65 斯图加特国立新美术馆的坡道

面设计整体呈“U形”，主入口巧妙地被设置于“U形”的开口部位。鉴于新美术馆的所在地形具有显著坡度，詹姆斯·斯特林巧妙地利用了这一地形特征及周围环境，创造出了一系列空间体验。

在美术馆的后侧街道，一条蜿蜒的城市公共步道缓缓展开。它跨越美术馆的东面展厅，穿越美术馆上层的陈列平台，并沿庭院围墙迂回下降，最终抵达美术馆的入口平台。这一公共步道不仅将美术馆与城市紧密相连，还成了城市景观不可或缺的一部分。

该建筑的主入口以蓝色钢格窗与石灰华外墙的结合为标识，亮粉与蓝色管道则清晰地指示了参观路径。尤其当访客沿公共步道行进时，这些元素可以引导他们进入穿越建筑的斜坡步道。美术馆的核心空间是位于建筑中心的古罗马风格中庭，它借由贯穿美术馆的公共步道，将雕塑花园与馆内的艺术品巧妙相连。中庭亦是美术馆内彰显19世纪博物馆设计特色的区域，环绕公共步道及整个圆形中庭的有古典柱廊、三角楣、柱头及石材装饰面，共同营造出一种历史氛围。

对于詹姆斯·斯特林而言，公共步道代表了一种神圣的“瞬间”。通过倾斜的场地与流线设计，建筑逐渐过渡到建筑景观。斯图加特国立新美术馆作为詹姆斯·斯特林最为杰出的作品之一，成功地将19世纪的多种建筑风格融入了一座兼具现代元素的美术馆之中，实现了参观者与其文化的深度联结。

斯图加特国立新美术馆构成了一个将建筑艺术与多元要素融为一体的整体，它紧密地结合了场地特征及各历史时期的艺术设计精髓。詹姆斯·斯特林巧妙地选取传统石灰华与砂石作为建筑的主要构造材料，并融入色彩丰富的现代工业钢材，旨在在这座深植历史底蕴的后现代艺术殿堂中融入当代设计语言，以此向19世纪古典主义艺术致以崇高的敬意。

6.3 当代建筑大师与作品赏析

6.3.1 贝聿铭的建筑思想与作品赏析

(1) 建筑思想

贝聿铭，美籍华人建筑师，土木工程领域专家，出生于中国广州，祖籍苏州，先后于麻省理工学院及哈佛大学建筑学系完成学业，学术背景深厚。作为建筑领域的杰出代表，贝聿铭曾荣获美国艺术与科学院院士及中国工程院外籍院士称号。贝聿铭还是美国华裔精英非营利组织——百人会的共同创立者，有着广泛的社会影响力。鉴于其在现代建筑设计方面的卓越贡献，被誉为“当代建筑的终极巨匠”。贝聿铭的建筑思想主要体现在以下几个方面。

第一，建筑与社会的深度融合。贝聿铭指出：“建筑，乃社会艺术之一种体现。”这里所谓的“社会艺术”，意在区分建筑与绘画、雕塑等传统艺术形式，后者往往侧重创作者个性的彰显，而建筑则在彰显设计师个性的同时，更侧重于为人们构筑生活与工作的环境，无论是服务于大众的广阔公共空间，还是私密的个人居所。建筑师在设计过程中，需面对社会、技术、资金等多重制约，相较于一般的艺术家，这些挑战更为复杂。

第二，空间与形式的深度探索。贝聿铭强调：“尽管建筑受科技影响，但其根基并非全然建立于科技之上，还需其他要素的支撑。”他进一步阐述：“空间与形式的内在联系，构成了建筑艺术与建筑科学的核心。”因此，在其所有设计实践中，他始终致力于协调、精炼并提升这一关系。在设计初期，贝聿铭便会对空间与形式进行多维度的探索，以确保其设计既能贴合功能需求，又能避免形式上的雷同。

第三，地域性与文化性的创新融合。作为首位荣获普利兹克奖的华裔建筑师，贝聿铭在青年时期深受中国传统文化的影响，他始终致力于在摩天大楼与地域文化之间搭建桥梁，实现地域文化与建筑的和谐共生。他的项目不仅成功完成了既定使命，还超预期地展现了当代价值，通过建筑作品深刻诠释了地域文化创新的内涵。

贝聿铭曾言："民族性越强，越能走向世界。"同时，他对美国的新事物也保持着开放的态度。在贝聿铭看来，中美文化并无冲突，他能在文化交融中自如游走，既学习西方的先进理念，又不失对东方传统文化的坚守。在其作品中，既能感受到东方的独特韵味，又能看到西方现代主义对建筑形态的精炼，从而创造出独树一帜的设计风格。

（2）作品赏析

苏州博物馆新馆出自国际建筑巨匠贝聿铭之手，堪称建筑艺术的典范之作。贝聿铭在设计中巧妙地将西方建筑哲学与中国传统建筑智慧相融，既彰显了现代设计的前瞻视野，又保留了中国建筑的文化底蕴，实现了建筑功能与美学的完美统一，规避了现代建筑常见的设计缺陷（如图6-66至图6-68）。

苏州是一座承载着深厚历史文化的城市，其独特的地域文化为贝聿铭的设计提供了灵感源泉。在设计中，贝聿铭匠心独运，将江南水乡的美学与苏州园林的精髓融入其中，使苏州博物馆新馆与苏州的城市风貌和人文历史和谐共生。新馆坐落于齐门路与东北街的交会点，与老馆紧密相连，贝聿铭巧妙规划，将河岸南侧的环境纳入设计，不仅扩大了空间布局，还增强了区域的参观价值。

图6-66 苏州博物馆新馆

图6-67 苏州博物馆新馆鸟瞰图

图6-68　苏州博物馆新馆的内部空间

在设计上，贝聿铭摒弃了国内博物馆常见的多层复式结构。这种结构虽能分割空间，但各空间因材料阻隔而显得割裂，影响整体性。贝聿铭采用低、密、隐的设计理念，通过地下空间的开发和限制建筑高度，实现了建筑与环境的和谐共生。地下一层设置库房与办公区，高效利用空间。地面建筑高度控制在16米以内，所有建筑采用单层设计，使各展厅紧密相连，过渡自然，空间与景观有机融合，既高效利用空间又保持了建筑的个性。

在空间布局上，新馆沿袭了江南传统院落的风格，采用对称与集群布局。入口采用对称设计，两侧则呈现非对称美感，整体坐北朝南，由中央部分、中央大厅与主庭院构成主体，东为行政办公区与次展厅，西为主展区。这种布局既保留了江南院落的韵味，又满足了现代博物馆的功能需求，展现了传统与现代的完美结合。通过贝聿铭的精妙设计，苏州博物馆新馆不仅成为建筑艺术的瑰宝，更成为苏州城市文化的新名片，为当代建筑设计提供了宝贵的经验和启示。

此外，新馆在设计中融入了大量苏式建筑特色，涵盖了屋顶、屏风、墙体及瓦片等室内外交融的元素布局。尽管该建筑承袭了贝聿铭设计中多见的几何与视觉构成（如正方形、长方形及金字塔形态），但其亦广泛汲取了苏州传统建筑的精髓，运用洁白灰泥墙、深灰黏土瓦顶，以及精巧复杂的园林构造。这些几何形态的巧妙折叠与苏州地域特有的色彩搭配，共同塑造了一个别具一格的融合体，彰显了建筑师在当代建筑语境下对苏州乃至中国本土文化的创新诠释与深刻致敬。

香港中银大厦是中国银行在香港的总部，坐落于中国香港特别行政区中西区的中环花园道1号。该大厦占地面积约8400平方米，总建筑面积达到了12.9万平方米。大厦主体建筑高70层，并附有4层地下停车场，楼体总高度为315米，若加上顶部两根高约50米的装饰杆，整体高度则达到了368米，曾是亚洲地区的最高建筑，至今仍是香港地区的最高建筑。贝聿铭在承接此项目后，面临的挑战是设计一座能够抵御台风侵袭的高层建筑，设计方案在建筑与工程两个维度上均进行了深入考量，采用非对称的塔楼设计，对天际线与街道景观产生了显著影响（如图6-69）。

从结构上看，大厦可被视为由4个高度不一的三角柱体巧妙堆叠而成，逐层递升。底部的第一层至第十七层，基本由这4个三角柱体构成一个立方体形态。从平面图观察，呈现为正方形布局，每条边的长度为52米，通过两条对角线划分为4个三角形区域。继续向上观察，建筑设计仿佛逐步削减了部分三角柱。首先在第十七层处，北面的三角形区域被去除。随后西面和东面的两个三角柱区域也被削减，形成了高度错落有致的三角柱体组合。至第五十二层，仅保留南面的三角柱体，直抵第七十层的顶点，其尖端成为大厦的最高点。从各个侧面观望，大厦宛如一根巨大的新竹，底部宽广而顶部尖细，逐节上升，形态优雅。

大厦两侧配置的两个三角形花园，与建筑的三角形主题相得益彰，风格和谐统一，与大厦主体相互映衬。花园内的草木山水布局，古朴典雅，充满了中国山水画的意境，使得整座建筑洋溢着深厚的中华文化底蕴。

图 6-69　香港中银大厦

卢浮宫金字塔以保护文化脉络为核心的形态构思，旨在让人们深切感受历史环境的沉浸。从建筑语言的视角分析，三角形因其稳固性而被视为永恒的标志，作为纪念性建筑的初始形态，它蕴含着浓厚的古典韵味。贝聿铭意在采用这一鲜明且具有象征意义的结构，以避免对卢浮宫的主角地位构成过分遮蔽。透明的金字塔以优雅的姿态，与在岁月洗礼下略显黯淡的宫殿和谐共生，映衬出卢浮宫蜜糖色石材的光辉，仿佛是对这座建筑崇高地位的致敬（如图6-70、图6-71）。

围绕玻璃金字塔设计有一个旋转45度的方形大水池，其中西侧的三角形区域被巧妙移除，以此开辟出一个广场入口。水池以3个尖端且相对小的三角形形态环绕布局，其表面在阳光的照耀下宛如明镜。当天空晴朗无云时，玻璃金字塔的倒影便可以清晰地映现于水池之中。这一设计不仅与周边环境和谐相融，还极大地丰富了景观，并增添了视觉色彩。玻璃金字塔的几个面可以分别映射出不同意义的建筑，既能映照出文艺复兴时期的古典建筑风格，又能反射出现代艺术及人类建筑对未来的愿景。这一布局在场地内延续了古典文化的脉络，使游客能够迅速沉浸于历史氛围之中。

此外，该建筑结构之规模对环境未产生显著影响。具体而言，玻璃金字塔以其21米的高度及34米的底部宽度，实现了在有限空间内最大化建筑面积的几何设计，因此并未显得过于突兀。

图6-70　**卢浮宫金字塔的整体布局**

图6-71　**卢浮宫金字塔广场的夜景**

作为卢浮宫扩建工程的一部分，玻璃金字塔的构建不仅需考虑空间扩展的需求，亦需尊重并延续古典建筑的传统韵味。贝聿铭通过巧妙地将新馆部分设置于地下，并以玻璃金字塔作为入口设计，使得建筑整体给人以稳重而不至于压抑之感。同时，利用斜向分割的手法，进一步赋予了建筑以轻盈之态，从而圆满达到了扩建的各项要求。

达拉斯市政厅是贝聿铭为达拉斯设计的一处标志性建筑，完成于1972年，其独特之处在于采用了倒三角形的设计构思（如图6-72至图6-74）。这一设计灵感源自建筑空间对楼层面积的需求，即下层市政区域所需面积较上层政府办公区域较小。建筑主体向前倾斜34度，这一巧妙设计不仅为正门及窗户提供了遮阳效果，还兼具节能特性。连接大厅的走廊逐层退缩，自然光线透过屋顶倾泻而下，营造出明亮、开阔且充满活力的空间氛围。

达拉斯市政厅的总体建设面积为73 710平方米，共包括地下3层和地上7层，局部区域延伸至8层。其北面外墙长达171米，从地面起向北形成34度的优雅倾斜，最大悬空部分达到了20.7米，北侧倾斜的玻璃窗让达拉斯的城市美景尽收眼底。为了确保倾斜外墙的稳固，在设计时采用了强大的结构支撑系统，利用14个钢筋混凝土的承重墙和位于屋顶的预应力混凝土箱梁来抵消倾覆力。但从视觉上来看，好像是由3个竖直的椭圆形楼梯间支撑着整个建筑，这种设计巧妙地提升了人们的心理安全感。该建筑的东西两翼以阶梯式设计向外伸展，为建筑外观增添了显著的雕塑美感。

图6-72　达拉斯市政厅的倒三角设计

图6-73　达拉斯市政厅

图6-74 达拉斯市政厅的外立面

6.3.2 安藤忠雄的建筑思想与作品赏析

（1）建筑思想

安藤忠雄是日本的杰出建筑设计师，1941年出生于大阪府。他在建筑设计领域勤奋自学，并于1969年成立了安藤忠雄建筑设计研究所。在从事建筑设计之前，安藤忠雄当过木工、货车驾驶员，甚至17岁时还曾踏入职业拳击界。在经历了一段迷茫时期后，一本勒·柯布西耶的作品集激发了他对建筑艺术的热爱。作为非传统教育背景出身的野生建筑师，安藤忠雄毅然闯入了精英主导的日本建筑领域，全凭个人努力与自学，开创出了独特的建筑风格，最终荣获建筑界的至高荣誉——普利兹克奖，从而在建筑史上书写了一段传奇佳话，被赞誉为“清水混凝土之诗人”。

安藤忠雄的建筑设计深受欧美建筑流派的影响。1962至1969年间，他周游全球，旨在融合个人视野与广泛见识。法国塞南克修道院的粗犷毛石构造，以其极为简约的外观深深地震撼了安藤忠雄，他感知到了其内在的强大力量。后来，安藤忠雄采用现代主义的材质、语汇及具有社会意义的建筑准则，挑战了机能主义的极端倾向。他批判了依赖空间、布局规整的建筑，认为这类追求舒适度的建筑割裂了人与自然的联系。在他眼中，建筑是人与自然间脆弱而理智的避风港。他不断复现住吉长屋的设计精髓，因为这一作品在都市中构建了一个仿佛使人重返自然怀抱的新世界。

在安藤忠雄的建筑作品中，自然元素的融入显得尤为和谐，但这里的自然并非原始状态，而是经过精心设计，融合了无序的自然与有序、人工化的自然。抽象的自然元素，如光、水、风等，与几何形态的建筑体相辅相成，营造出独特的氛围，如光之教堂、风之教堂等著名建筑作品。自然、建筑与艺术家间的碰撞与对话，以及由此激发的灵感，是其建筑活力的源泉。

安藤忠雄在材质的甄选上倾向于原始与真实的质感，偏好展现裸混凝土与原木的本色，以及未加修饰的质朴之美。这些未经雕琢的素材激发了他的创作灵感，使得他的作品体现了独一无二的个人风格。安藤忠雄的混凝土建筑与自然和谐共存，犹如日本能剧的面具般，随光影变幻展现出丰富的情感与意境。

安藤忠雄的建筑作品营造了一种触动人心的氛围，摒弃了商业化的喧嚣与表面，质朴的混凝土墙面与光、水、风等自然元素交织，呈现出一种日常而独特的美感。安藤忠雄既不认同现代主义的单调无趣，也反对后现代文化的消极颓废。以住吉长屋为例，它深刻反思并批判了当时的生活方式。在安藤忠雄看来，消费主义的泛滥正侵蚀着人类精神层面的丰富性，必须加以抵制。他追求在传承中创新，渴望超越传统，塑造全新的文化形态。

安藤忠雄的作品不仅是一砖一瓦的堆砌，更是对现代社会与文化的一次深刻对话，展现了他对于建筑、自然与人文的独到理解。

(2) 作品赏析

住吉长屋是安藤忠雄的早期作品，该建筑位于日本大阪市，占地面积只有33.7平方米，在同一排的住宅中显得非常矮小。尽管该建筑是用木头建造的，却在二战中幸存了下来。住吉长屋不同于日本传统的小型住宅建筑，它外表看似一个密闭的混凝土盒子，但是其内部却巧妙地利用了曲线设计，将光线和四季变化引导至生活空间（如图6-75至图6-78）。

在设计上，住吉长屋的内部充分利用空间，把用地分成三等分，以中间的院子为中心，两边是房子。人通过院子里的一个室外楼梯上到二层，一个室外走廊连通二层两端。天气好的时候，人们可以在院子里喝茶聊天，享受一天的晦明变化。

图 6-75 住吉长屋的外立面混凝土墙

图 6-76 住吉长屋的剖面图

图 6-77 住吉长屋的内部空间

图 6-78 住吉长屋的内部楼梯

该建筑的正面虽然被复杂地细分，但几乎没有显示其内部组织。屋子的入口是一个孤零零的台阶，这是一种微型石板平台，占据了正面的整个宽度。穿过非常小的前厅，可以进入客厅的一侧，那里有一个面向内庭院的落地窗。在同一层，厨房和餐厅也面向庭院。内院一侧的楼梯可通向上层，那里有两间卧室，一间供父母使用，另一间供孩童使用。钢筋混凝土以其光滑的灰色表面和带有模板痕迹的朴素纹理，决定了所有内部空间的性质，所有形式的饰面都被严格禁止，搭配混凝土的只有来自门窗的玻璃、框架的钢、底层铺装的石板和上层的木材。这座长相如混凝土盒子，且并不符合日本传统风格的建筑，却在当年获得了日本建筑学会年度大奖，后来还成了一座世界著名建筑。

图6-79 水之教堂

以与自然和谐共存为核心理念的水之教堂，坐落于日本北海道夕张山脉东北部的一片被葱郁群山温柔环抱的平旷之地。教堂的正前方，一扇长15米、高5米的宏伟玻璃幕墙成为视觉焦点。每年的5月至11月间，幕墙会全然敞开，使教堂内部与外界自然无缝地融合。教堂内部有一处精心构思的人工水池，水池的深度经过精密计算，即便是微风拂过，水面也能泛起细腻波纹，生动展现风的轨迹，这一设计打破了传统室内教堂的常规布局（如图6-79）。

步入教堂需先沿一个旋转而下的暗色楼梯行进，抵达后，映入眼帘的是广阔水池，其中央矗立着十字架，象征着神圣与自然的交界。在水池对面，两个正方形空间在平面上重叠，周围环绕着一道“L形”独立混凝土墙。行走在这道长墙外侧，水池隐而不现，唯有行至墙端转折处，旋转180度后，访客方能首次窥见水面全貌。沿此视觉引导，人们漫步于一条平缓坡道，最终抵达由玻璃四面围合的入口，这里仿佛是一个光的容器。天空之下，4个独立的十字架静静伫立。玻璃的透明质感映衬着蔚蓝天空，引人沉思冥想。整个空间沐浴在自然光之中，营造出宗教仪式的庄严氛围。随后，访客通过另一个旋转的暗色楼梯，直抵教堂核心。在那里，眼前豁然开朗，水池与十字架映入眼帘。那条简洁的界线，再次提醒着人们大地与天空、世俗与神明的分界。

光之教堂堪称日本建筑界的杰出典范，是安藤忠雄的标志性杰作，其以在教堂侧壁开创的十字形开口为特色，巧妙营造出独特的光影氛围，使信徒仿佛能感受到与天主的亲近，因而广受赞誉（如图6-80）。

在安藤忠雄的设计理念中，光之教堂体现了建筑的二元性特质，即万物之中普遍蕴含的对立统一原则，虚与实、明与暗、动与静。这些并存的对立面促使教堂摒弃了一切繁复装饰，仅保留下一个纯净而质朴的空间。光线与实体结构的交织，不仅强化了空间感，更深刻地突显了人类内在精神世界与世俗认知之间的张力。

光之教堂的结构特征在于其横向延伸的墙体布局，其中一个直径为5.9米的墙体被巧妙地嵌入长方体空间内，这面独立的墙体有效地将空间划分为礼拜区域与入口区域。透过毛玻璃覆盖的拱形屋顶，人们能够感知到外界天空和阳光的温暖，以及绿树的生机。教堂内部的光线设计具有明确的方向性，与走廊中均匀散布的光线形成鲜明对比。在地面的设计上，随着向牧师讲台的延伸，逐渐呈现为阶梯式下降。

在教堂的前端，矗立着一面以十字形分割的墙壁，其中嵌入了玻璃元素，使得光线穿透时形成了光之十字架的视觉效果。考虑到预算限制与材料质感的统一，地板与座椅均选用了经济实惠的脚手架木板进行铺设（如图6-81）。

图6-80　光之教堂

图6-81　光之教堂的内部空间

光之教堂的墙体采用混凝土材质，除了墙体中嵌入的大型十字架外，未添加任何冗余的装饰物品。安藤忠雄曾言，他的墙面无须挂画，因为太阳这位自然界的画家已为他提供了最完美的画作。

在强调空间双重特性的同时，该建筑简化材料的应用尤为显著。其中，混凝土结构摒弃了传统基督教所偏好的装饰元素与审美取向。教堂主体被混凝土外壳紧密包裹，仅在东立面的显著位置保留了十字架作为装饰，营造出一种更为深邃且更易激发冥想的信仰氛围。这一十字架作为极简建筑设计理念的标志，独树一帜地成为教堂内部唯一的宗教标识。

光之教堂作为现代极简建筑的典范，其纯粹的建筑美感源自对细节的极致追求。钢筋混凝土结构完全摒弃了任何非功能性装饰，每一块混凝土的接合与节点，皆由日本顶尖木匠与安藤忠雄共同精心雕琢，确保了表面的无瑕光滑与节点的精确对接，就连混凝土模板的缝隙也与东面十字架形成了巧妙的呼应。

混凝土构造深刻体现了安藤忠雄的极简美学理念，其浇筑与成型工艺使得混凝土在自然光照下展现出独特的光泽。安藤忠雄巧妙地在东立面设置了十字架，使得从晨曦至日中的光线得以穿透，不仅弱化了室内混凝土墙的物质感，更使其从暗黑的实体转变为光芒四射的空间盒体。在光之教堂及诸多其他项目中，安藤忠雄对光线与混凝土的精妙操控达到了超现实的境界，于感官层面消除了材质的界限，实现了由暗至明的转换，进而拓展了空间的感知深度。

安藤忠雄始终对自然光照与地下空间的概念抱有浓厚兴趣，其早期的日落美术馆设计，因全面依赖自然光照明，而获得了“随日落闭馆”的美誉。在早先的多次设计构思里，安藤忠雄怀揣着一个梦想，即打造一座全然隐匿于地下的建筑，旨在将人类活动对自然环境的干扰降至最小，从而达成人与自然和谐共生的理想状态，这一建筑愿景最终在地中美术馆项目中得以圆满实现。

地中美术馆是一座彻底融入地下的建筑杰作，从高空俯瞰，只见山顶绿意盎然，野花遍地，其中隐匿着一个圆形屋顶状的结构，紧贴地表，这实则是美术馆的天顶所在（如图6-82）。除此之外，该建筑的其他任何部分均难觅踪迹，完美融入周遭的自然环境之中。

图6-82 地中美术馆俯视图

该建筑主要采用混凝土、钢铁、玻璃及木质材料，秉承极简主义风格。进入美术馆的旅程始于一条条绵延深长的混凝土通道，它们引领着访客向地下探索。起初，四周被灰色的墙壁所包围。随后，头顶渐渐显露出一抹清澈的蓝天。随着光线的逐渐增强，建筑的真正面貌得以展露。厚重的混凝土构筑起高耸而深邃的无顶长方体空间，其下铺陈着错落有致的大石块。墙体上精心切割的细缝，让阳光得以穿透，洒落在混凝土走廊之中。随着外界天气的变化，走廊内的光影也随之变幻，仿佛承载着四季的更替。

6.3.3 扎哈·哈迪德的建筑思想与作品赏析

(1) 建筑思想

扎哈·哈迪德是一位伊拉克裔的英国建筑师，出生于巴格达，曾于2004年获得普利兹克奖。她在时尚设计与艺术领域亦颇有建树，是建筑行业内最为人所熟知的标志性人物之一。扎哈·哈迪德以其独特的曲线设计赢得了广泛的赞誉与讨论，而她的名声不仅仅建立在参数化设计的基础之上，更在于她敢于创新，巧妙地利用几何形态来塑造空间。

扎哈·哈迪德的设计作品素以其前卫性及仿佛摆脱重力束缚的形态而著称，这导致她的设计方案初现时常被视为无法实现，因而被誉为建筑领域的“解构主义巨匠”。扎哈·哈迪德的作品虽外表不显山露水，却巧妙地运用空间布局与几何构造，深刻映射出都市建筑的复杂多变性。

扎哈·哈迪德始终明目张胆地挑战建筑行业的既定规范，不过大规模的项目实施与雄厚的预算支持，为她持续探索建筑结构的极限提供了可能。2005年，扎哈·哈迪德设计的德国沃尔夫斯堡费诺科学中心，颠覆了传统水平楼板与垂直楼层间的空间配置，转而采用完整的面作为基本单元来支撑整座建筑。这种超大规模的特殊构造，要求极高的数学精度与工程计算能力。为了适应这一需求，新的软件工具，即现今所知的参数化设计应运而生。

以颠覆建筑传统为己任的扎哈·哈迪德始终践行使建筑更富建筑性的理念，正因如此，她才能创作出超越现实思维框架，具有突破性、新颖性的作品。

（2）作品赏析

自20世纪70年代末起，扎哈·哈迪德便开始了其非凡的建筑职业生涯。然而直到20世纪90年代，她才成功实现了首个个人建筑项目——维特拉消防站（如图6-83、图6-84）。

图6-83　维特拉消防站

图6-84　维特拉消防站的侧面

维特拉消防站位于德国莱茵河畔，坐落于一家同名企业园区之内。该建筑以其倾斜且交错的混凝土面设计，重新定义了穿越其间的街道景观，成为将扎哈·哈迪德富有戏剧性张力的设计理念转化为实际功能性空间的早期实践。

在扎哈·哈迪德的设计构思中，道路与工厂周边的厂棚构成了方案的核心理念。扎哈·哈迪德视维特拉消防站为超越单纯物理存在的实体，它重新界定了与之相邻的街道空间，并巧妙地融入了园区环境，避免了与周遭的不和谐。这一设计理念促成了沿街展开的狭长建筑形态。

该建筑由一系列线性的混凝土墙体及顶棚组件构成，项目内容则巧妙地穿插于这些元素之间。墙体表面看似平整，实则经过精心设计的打孔、倾斜或折叠处理，以满足通风及其他功能需求。

该建筑的墙面与屋顶采用裸露的现浇混凝土建造。为了保持这些元素的视觉纯净度，扎哈·哈迪德特意去除了可能影响混凝土侧面效果的任何屋面覆盖及边饰。消防站内的光线布局简洁明了，从无框玻璃到室内照明，无不体现出这种纯粹的设计理念。

扎哈·哈迪德通过坚持极简美学，刻意凸显了设计中高度概念化的特质。过多的细节装饰会削弱混凝土棱角的体积感，从而降低设计理念的冲击力，因此最终建成的建筑是一座极具雕塑感的作品，与她早期绘制的著名方案图完美契合。尽管扎哈·哈迪德的草图因其艺术魅力而足以在美术馆展出，但当时却被视为过于前卫，难以转化为实际建筑。然而令人瞩目的是，她的这一重要项目成功地将自己的设计理念转化为了现实。

尽管维特拉消防站后来并未完全按照其原始功能使用，但它仍是扎哈·哈迪德建筑职业生涯中的一个重要标志。通过这个项目，扎哈·哈迪德证明了自己并非仅限于纸上谈兵，她所创造的建筑空间既激进又不失实用性。在随后的20多年里，扎哈·哈迪德设计了众多革命性的建筑，但维特拉消防站依然是她最迷人的作品之一，即便在维特拉园区众多名家之作中，它也依然熠熠生辉。

罗森塔尔当代艺术中心是美国历史最悠久的当代视觉艺术机构之一，历经60余年风雨，仍在不懈地探索创新之路（如图6-85）。

尽管该建筑以其厚重的体积感呈现出独立且封闭的雕塑形态，但其设计初

图6-85 罗森塔尔现代艺术中心

衷实则是旨在将城市元素融入建筑内部，使城市空间穿透外墙并向上延展。这种独特的活力氛围尤为适宜一个不设立长期展览的画廊，也恰好与中西部繁荣城市的风貌相契合。

扎哈·哈迪德采纳了城市地毯的设计理念，巧妙地将城市纹理延伸至艺术中心内部。一层是全开放的大厅，对于过往行人而言，这一空间宛若一个封闭的公共广场，从而使罗森塔尔现代艺术中心成为现有城市公共空间网络的关键节点，有效解决了画廊以往面临的视觉可达性问题。大厅的混凝土地面优雅地向上弯曲，与外墙完美融合，形成一个连续的界面。在理念层面引导城市纹理不断向上，一直渗透至悬于上方的画廊空间。

鉴于城市地毯与拼图游戏在视觉上的显著特征，连接这两者的交通空间亦需具备同等的戏剧性。垂直交通的核心设计表现为一系列沿外墙蜿蜒的楼梯，它们曲折盘旋，自底层直通顶层。每个楼梯均由钢材打造，表面涂以黑色，重达15吨，恰为施工吊车所能承载的极限重量。楼梯全部依赖屋顶的天光照明，光线可穿透至建筑最底层。

扎哈·哈迪德并未将她的设计理念隐藏于简单的外壳之下，而是将其充分展现。因此，她创造了两个截然不同的立面，以展示内部空间的多样面貌。南立面与画廊较长的一面相呼应，采用了玻璃、混凝土和黑色金属板等3种不同材质。东立面则不依赖于材质的表现，而是基于体块，通过不同形态的混凝土表皮来展现内部复杂的体块关系。

MAXXI博物馆的全称是罗马国立21世纪艺术博物馆，“MA”代表艺术博物馆（Museum of Art），而“XXI”则为罗马数字，寓意为21世纪。该博物馆是一座采用钢铁与玻璃构造的现代建筑杰作，旨在汇聚并展示意大利不断发展壮大的当代艺术作品。该建筑共有4层，总建筑面积达3万平方米，其在设计上注重与周边社区的和谐共生，临街一侧的立面处理融入了较多的传统元素（如图6-86）。

图6-86　MAXXI博物馆

扎哈·哈迪德强调，MAXXI博物馆并非单纯的物品存放之所，而是艺术的培育园地。在这里，流线与通道相互交织、衔接，共同营造出一个充满生机与动态感的环境。尽管该设计方案在平面上呈现出清晰有序的布局，但其核心设计目标仍在于实现使用的灵活性。空间的连续性特征确保了其能够适应各种类型的流动展示及临时展览的需求，避免了多余墙体对空间的隔断。步入中庭区域，该建筑的几大核心构成要素便赫然在目，弧形的混凝土墙、悬空的黑色楼梯，以及引入自然光的天窗。扎哈·哈迪德通过这些设计元素，旨在构建一种新颖的流动空间，这一空间蕴含多重视角与碎片化的几何形态，映射出现代生活复杂多变的流动性特征。

为了凸显自然光的利用，该建筑采用了轻薄的混凝土横梁、玻璃屋顶，以及精密的过滤系统（如图6-87）。这些横梁不仅具备装饰效果，还巧妙地兼做了艺术品运输的轨道。游客在梁体、楼梯与线性照明系统的指引下，顺畅地穿梭于内部通道，最终抵达3层挑高的广阔空间。尽管此处存在的大型核心筒构成了一定的视线障碍，但宽敞的窗户仍可以帮助人们俯瞰城市美景。

图6-87　MAXXI博物馆的内部空间

MAXXI博物馆与罗马城实现了整体融合，尽管地处郊区，该建筑却已然成为旧城区不可或缺的一部分。MAXXI博物馆历经长时间的施工建设，不断深化城市更新的设计理念。此外，作为意大利首座当代艺术博物馆，MAXXI博物馆自建成以来便吸引了公众与媒体的广泛关注，使之成为罗马的新地标建筑，持续探索着这座城市的当代定位。

扎哈·哈迪德建筑设计事务所倾力打造的北京大兴国际机场，于2019年9月25日正式通航。作为全球最大的单体航站楼，北京大兴国际机场总面积达70万平方米，内含一个8万平方米的地面交通枢纽，初期年接待旅客量为4500万人次，预计2025年将攀升至7200万人次，并规划有后续扩建工程，旨在服务1亿人次旅客及年吞吐量400万吨货物（如图6-88）。

航站楼的设计理念汲取了中国传统建筑精髓，即围绕中心庭院组织空间布局，其独特设计可以引导乘客流畅地穿梭于各功能区之间。航站楼弧形屋顶下的6种流动形态延伸至地面，不仅构成了支撑结构，还巧妙地引入自然光，与线性天窗网络相辅相成，为整个建筑提供了直观的导向系统。高达100米的结构跨度，不仅为航站楼营造了开阔的公共空间，还为未来可能的重新布局提供了极高的灵活性（如图6-89）。

图6-88　北京大兴国际机场鸟瞰图

图6-89　北京大兴国际机场的内部空间

航站楼的紧凑径向设计，使得尽可能多的飞机能够直接停靠于航站楼附近，与大楼中心保持最短距离，既便利了乘客，也提升了运营效率。79个配备空桥的登机口直接与航站楼相连，能够迅速完成6架A380大型客机乘客的安检流程。这一径向布局确保从最远端登机口至航站楼中心的步行时间不超过8分钟。

6.3.4　王澍的建筑思想与作品赏析

(1) 建筑思想

王澍是我国著名建筑师、建筑学者、建筑教育领域专家，中国美术学院建筑艺术学院院长，法国建筑科学院的外籍院士。王澍在学术界以批判性立场著称，尤其反对那些缺乏灵魂、标榜专业的现代建筑。鉴于在尊重地域性传统、环境保护及手工艺传承等方面的杰出建筑贡献，2012年，王澍荣获普利兹克奖，这一荣誉不仅标志着他是首位获此奖项的中国公民，也使他成为该奖项历史上第四年轻的获奖者。评审委员会对他给予了高度评价："王澍的建筑作品历久弥新，它们深植于历史文脉与环境之中，同时又展现出广泛的国际视野。"

王澍倡导以自然为核心的设计理念，这一理念对自然的探讨主要聚焦于人与自然界的相互作用、人造自然与原生自然的相互关系。这一理念强调在设计过程中应充分整合并运用自然元素，确保在满足功能性需求的同时，也兼顾到生态维护与人类的身心健康。例如，在材料选择上，倾向于使用可持续且环保的材料，如木材、竹材及天然石材，旨在减少对环境的负面影响。在建筑空间的布局上，主张规划开放式设计，确保自然光线与空气的自由流通，实现室内外环境的和谐共生，从而营造出舒适宜人的居住体验。

在绿色设计层面，王澍倡导将绿色植物融入设计之中，这不仅能够美化环境，还能起到净化空气、调节湿度、降低噪声的作用，进而提升居民的生活质量。在水景设计中，王澍强调应合理运用喷泉、水池、瀑布等元素，以营造出宁静平和的氛围，并提供舒缓自然的听觉享受。此外，王澍还提倡将自然色彩，如绿色、蓝色、棕色等融入设计之中，以增强设计的自然韵味，营造出和谐舒适的视觉环境。

在生态设计方面，王澍强调需考虑生态系统的整体性与平衡，尊重并保护自然环境，这包括采取节能措施，以降低建筑对环境的影响。更为重要的是，王澍将建筑的关注点从建筑本体扩展到整个场所与氛围的营造上，这一转变具有独到的创新价值。

（2）作品赏析

中国美术学院象山校区坐落于杭州转塘街道，下辖3个主要教学机构，即视觉艺术学院、传媒与动画学院、基础教育中心（如图6-90）。

图6-90　中国美术学院象山校区的主体建筑造型

第一，材料循环利用。王澍对瓦片的深厚情感，其渊源可追溯至更早的时期。2004年，王澍圆满地完成了中国美术学院象山校区的第一阶段建设。为了增强建筑材料的再利用效率及其成本效益，王澍从多个建筑拆除现场收集了超过700万块来自各历史时期的废弃砖瓦，并创新性地赋予这些旧材料以新生命，用于象山校区的屋顶与墙面构建（如图6-91）。

第二，重塑自然景致。王澍强调，美术学院的布局与构筑远非简单的视觉美化工程，实则是一次对发展模式的深度探索。这不仅决定了知识与教育的孕育环境，还深刻地影响着学生的世界观、艺术观和道德观。为此，设计蓝图的核心在于唤醒自然的本真之美，力求让建筑空间重新融入精心营造的自然画卷，与原始的森林、花草、山川、水系和谐共生。在正式规划前，王澍曾数次探访六和塔，细心拍摄并记录了塔内各角度的自然风光，这些镜头捕捉了山川景致的微妙变化。之后，王澍巧妙地把这些自然元素编织进象山校区，虽然经过了艺术加工，却仍保留了其原始的神韵。因此，在校园漫步时，访客会不时地邂逅似曾相识的美景。尤为惊艳的是，不经意间在某个庭院回首，透过门洞，竟可瞥见如《溪山行旅图》般的情景。这座宛如迷宫一样的校园，每一步都充满惊喜。在校园中，王澍的规划超越了景观设计的表象，触及了教育与自然共生的深层议题，旨在既创造一个反映自然之美的空间，又能够激发学生对艺术、自然与人文的深刻理解。通过将自然元素巧妙地融入校园的每一个角落，不仅保留了自然的原始韵味，还创造了一系列令人惊喜的视觉体验，使得校园本身成为一件艺术品，同时也成为学生世界观、艺术观和道德观形成的重要场所（如图6-92）。

图6-91　王澍回收的瓦片

图6-92　中国美术学院象山校区的校园环境

第三，山水整治与重塑。王澍构思了一处半自然的坡地山谷，其设计与当代大学的宏大规模建筑相得益彰，一改往日小桥流水的古典范式，转而汲取庆元、龙泉一带廊桥的灵感。这些廊桥横亘于山谷之上，串联起象山北坡的艺术工坊群落。这种对空间的精心布局，既是对中国传统建筑形式的致敬，又融入了现代的创新思维，于繁华都市中开辟了一方宁静而深远的天地。校园西侧刻意保持低矮，让视野无阻地延伸至远方，巧妙地借用了远处山峦的自然美景。在校园东端的入口处，保留了大片的鱼塘、茭白地和稻田，未施加任何建筑或改变，设计的初衷是在这个艺术学府中恒久守护着一片质朴的田园景致。在校园中，天人合一不仅是景致的一部分，更与贴近自然的耕作生活息息相关，构成了一幅生动的画卷。

第四，漫游式空间体验。在校园规划中，王澍特别强调了融合自然与建筑的游赏路径设计。校园内的宽广长廊和水畔茅屋，不仅便于漫步，还适合作为展览和学术交流的场所，甚至创新性地作为另类教室和会议场地。这些区域通过蜿蜒曲折的步道相连，覆盖了山峦起伏、水岸交错的整个校园，既构建了理想的学术氛围，也塑造了城市西部新的文化地标。校园内还特别规划了沿山傍水的公共艺术长廊，其宽度从30米至120米不等，以绿植花卉为主体，间或设置小型画廊、艺术家工作室、户外雕塑及环境艺术装置。

宁波博物馆的总建设面积达3万平方米，建筑主体被规划为3层，局部区域延伸至5层。其布局独具匠心，二层及以下采用的是集中的布局模式，而三层则转变为分散的布局设计。在设计中，宁波的地方文化精髓、传统建筑风格与现代建筑的形态及技术被完美结合，相得益彰（如图6-93）。

图6-93　宁波博物馆

在宁波博物馆的构思初期，王澍精妙地整合了宁波地方文化的灵魂、传统建筑的元素与当代建筑的形态和工艺，塑造了其外观既简练又充满活力、严谨且富有创意的独特风格，深度映射了宁波从渡口到江口，再到港口的城市演变。

博物馆的布局采用了一目了然的矩形集中设计，建筑外观呈现裂变式形态，带有些许倾斜，巧妙地模仿了抽象山体的线条。这种形态的创新赋予了该建筑一种向南移动的别致视觉冲击，如同一艘航行中的巨轮，引人遐想。在建筑内部，多层次的公共活动区域错落分布，从主体中突出5个独立且各具特色的单元，既展现了空间的虚实结合之美，又仿佛复刻了传统街区的空间感与尺度。同时，北侧环绕的水域为该建筑增添了一抹江南水乡的诗意，提升了山水与建筑相融的审美境界。

王澍指出，在建筑设计愈发倾向于抽象化表达的当下，外墙材料的选择成为深入探索物质质感的关键。宁波博物馆的外立面创造性地结合了瓦片墙与竹质模板混凝土（如图6-94）。其中，瓦片墙是从传统建筑中汲取的灵感，通过现代技术的赋能，经过反复实验，最终应用于24米高的墙面。混凝土框架系统每隔3米设置一个，既保证了结构的稳定性，也确保了墙面的牢固性，而内嵌的钢筋混凝土与新型轻质材料的搭配，不仅突显了地域文化特色，还达到了优异的节能效果。竹质模板混凝土作为一种创新材料，充分利用了竹材生长迅速、环保的特性，以及其韧性、弹性和对自然环境的适应性，使得混凝土表面呈现出艺术化的纹理。宁波博物馆的外墙通过瓦片墙和竹质模板混凝土的完美融合，不仅实现了材质与色彩的统一，还与周边的自然环境和谐共生，充分展现了节能、环保与可持续建筑的宗旨，既继承了宁波的建筑传统，也铭刻了历史的痕迹。

富春山馆是王澍在荣获普利兹克奖后创作的一处建筑群，是其至今为止规模最大的作品，不仅是杭州市富阳区的地标性建筑，还有可能成为诗画江南文化脉络中起承转合的关键节点（如图6-95）。

图6-94 宁波博物馆的外立面

图6-95 富春山馆的外立面

该建筑群的显著特征在于其波浪状的屋顶，屋顶处覆盖着形态各异的瓦片。初见之下，该建筑群与中国美术学院象山校区有些许相似，层叠错落，易于使人迷失方向，而这种体验正如王澍所言，源自中国山水画的观赏感受。他对于富春山馆的追求是“当你靠近时，已发现自己置身于山中，之后则需慢慢探索”，他曾引用苏东坡《题西林壁》中的诗句来描述这种体验。富春山馆融合了观赏性、居住性和游览性等多重功能，最终塑造了溪山之外再展溪山、画中景致更添新画的独特布局。

富春山馆的入口大门高度仅为3.6米，对于一座公共建筑而言，这样的设计并不显得宏伟，王澍这是在表达进入山林时的敬畏之情，因为山中寓居着“高人”，所以入口不宜过高。步入其中，会发现内部景象与外部观感截然不同，仿佛传统折子戏的一幕幕，每一幕都如同册页中的一页。册页的特点在于各页之间缺乏连续性，从而营造出一种随意的效果。

屋顶的延伸部分采用了上翘的流线造型，巧妙地呼应了中国古建筑中飞檐的独特韵味，而巧妙设置于屋顶的天窗确保了楼梯直通屋面的便捷，不仅强化了楼梯与主体建筑的一体感，还在下部区域创造出充满光线的井状空间。在馆内，帐篷式天花板下的拱顶通道清晰展露出屋顶结构，以现代感十足的混凝土表面彰显其特色。富春山馆所选的狭长窗户设计，与宁波博物馆由业余建筑工作室设计的风格有着异曲同工之妙。这座3层的文化设施于2008年完成了外立面的建设，使用的材料主要来自附近拆迁村庄的回收砖瓦残片，通过再利用赋予其新生。

6.4 网红建筑作品赏析

6.4.1 MAD建筑事务所的网红建筑作品赏析

马岩松，出生于1975年，是全球知名且极具创新精神的MAD建筑事务所的创立者。作为首位荣获皇家艺术学院（RIBA）奖学金的中国籍建筑师，马岩松深入探索了与东方传统自然观相契合的现代建筑设计，并创作出了一系列既复杂深邃又颇具前瞻性的建筑作品，这些作品甚至超越了时代的局限。

玛丽莲·梦露大厦坐落于加拿大密西沙加市，以其全曲线设计著称，已成为该市的地标性建筑（如图6-96）。该建筑设计摒弃了现代主义所倡导的简化原则，转而追求一种更为高级的复杂性，旨在更全面地贴近现代社会的多元化需求及生活方式的多样性，尤其是那些多层次且模糊不清的诉求。建筑周身环绕着连绵不绝的水平阳台，打破了传统高层建筑强调高度的垂直线条惯例。大厦在不同楼层以不同角度进行扭转，巧妙地呼应了各高度层次的景观特色。马岩松希望玛丽莲·梦露大厦能够激发大都市居民对自然的向往，让人们重新体验阳光与微风对生活品质的积极影响。

该建筑的迷人曲线背后隐藏着深刻的设计哲学。马岩松从鱼类生态中汲取灵感，他领悟到鱼儿的真实栖息范围与鱼缸外观并无直接关联，且它们往往避开角落。因此，玛丽莲·梦露大厦被赋予了不确定性的开放空间，让居住者能够随心所欲地布置，享受没有多余死角的惬意生活。与其说马岩松是在构筑建筑，不如说他是在追寻一种与自然和谐共生的生活方式。

该建筑共有56层，每层都是相同的椭圆形平面。但随着楼层的升高，这些平面以特定的角度进行旋转，形成从平面到立体的性感曲面。具体而言，第一至第十层每层旋转1度，第十一至第二十四层及第二十六至第四十层每层旋转8度，第四十一至第五十层每层旋转3度，最后6层每层旋转1度。

该建筑的设计不仅追求结构与视觉上的精简旋转，更是对密西沙加市文化、历史、环境的深刻回响。这种回响不仅体现在适应性上，更在于在自然环境中挖掘密西沙加市的城市文化中变化多端且独特的元素。

图6-96 玛丽莲·梦露大厦

起初，项目方仅计划建造一座塔楼，但首栋塔楼一经亮相，便迅速售罄。因此，MAD建筑事务所被委托在旁边再建一栋。这栋新楼不仅同样拥有简约而迷人的外观，还以其独特的旋转幅度和迷人的形态脱颖而出。两栋塔楼分别高达179.5米和161米，层数分别是56层和50层。它们以自然流畅的线条激发了城市活力，成为城市中独一无二的标志性建筑。

北京胡同泡泡218号项目是MAD建筑事务所在北京前门东区对一座晚清四合院的革新性保护与重塑，它不仅重现了四合院经典的三进院落布局，更巧妙地嵌入了3个不同形态、犹如异世来客的泡泡空间，在古城区内生动地开启了传统与现代、往昔与未来的对话。

这一修复与改造工程起始于2014年，是由北京天街集团有限公司、北京天安时间当代艺术中心有限公司及北京市建筑设计研究院共同推动的“城南计划·前门东区2014”，旨在研究旧城的更新策略。MAD建筑事务所据此提出了4项核心原则，即保留、密度提升、精准干预与文化延续，西打磨厂街218号院被选为实践这些理念的试验田。

该院落位于前门东区西打磨厂街西段的南侧，占地469平方米，坐北朝南，是一座晚清时期的建筑。历经一个多世纪的沧桑，从历史记载中的外国医院转变为改造前拥挤的杂居大院，容纳了超过20户居民。在数次扩建与改造后，原有的建筑布局已面目全非。进入近现代，因居住条件恶化，大部分原住民搬离，院落逐渐失去了往日的生气。

MAD建筑事务所在院落中创造性地添加了3个用不锈钢打造的泡泡空间，有的用作独立的接待与共享工作区，有的则集接待、共享功能于一体，通过内置的螺旋楼梯实现了楼层的无缝连接（如图6-97）。这些泡泡空间如同穿越时空的精灵，在老城区中闪烁着灵动的光芒。其光滑表面映照着院内古建筑、树木与天空，使老宅焕发了新生，构筑了面向未来的新型空间，同时与周边旧城环境和谐共生，以新颖的艺术手法促进了社区历史与未来的对话。此外，MAD建筑事务所还对院落进行了全面的维护与修复工作。

为了保留老北京四合院的古朴韵味，MAD建筑事务所沿用了街面立面的原有色彩。入口立面的窗户被调整为单扇透明玻璃，既增加了室内采光，又在古朴中融入了现代感，使该建筑在保持传统风貌的同时透露出一丝现代气息。

鄂尔多斯博物馆位于鄂尔多斯市康巴什新区，是一座融合了多元功能的综合性博物馆，始建于2006年，占地总面积27 760平方米，建筑面积达41 227平方米，建筑主体包括地下一层与地上四层，局部扩展至八层。该建筑宛如时空的隐秘洞穴，静卧于沙丘之巅，内部巧妙引入自然光，将城市遗迹重塑为充满诗意的公共活动中心（如图6-98）。

图6-97 泡泡空间

图6-98 鄂尔多斯博物馆

该建筑的设计灵感源自巴克敏斯特·富勒的曼哈顿穹顶，MAD建筑事务所打造了一个未来主义的抽象壳体。它在划分内外的同时，为馆藏的文化珍品与历史片段提供庇护，对周遭新兴城市规划的不确定性提出深思。整个博物馆仿佛悬浮于仿沙丘的广场之上，这一设计是对自然景观向历史记忆转变的致敬。

步入博物馆，犹如穿越至明亮广阔的地下洞穴，眼前是与外界截然不同的峡谷空间。人们在空中连廊中穿行，体验着原始与未来交织的戈壁风貌。参观者可以通过两个主入口直达峡谷底部，无须进入展厅即可穿越博物馆，使得内部空间成为城市开放空间的延续。馆内的动线设计如同光影中游弋的连续轨迹，时隐时现，时明时暗。

峡谷中的桥梁连接各个展厅，参观者会在空中相遇。博物馆的大厅得益于漫射的自然光，实现了全自然光照明。为了抵御鄂尔多斯的严寒，博物馆的外墙采用了实体墙面与铝板。同时，朝南的、阳光充足的室内花园作为办公与研究的核心区域，不仅营造了舒适的微环境，还为室内空间提供了额外隔热，从而减少了热量的流失。

6.4.2　福斯特建筑事务所的网红建筑作品赏析

大疆全球总部——天空之城，由深圳市大疆创新科技有限公司与全球顶尖创新建筑设计机构英国福斯特建筑事务所携手打造，历经6年精心建设，项目总占地面积1.76万平方米，总建筑面积接近24万平方米。作为世界上首个超过200米的非对称设计、采用悬挂钢结构的超高层建筑，天空之城集合了办公、研发、无人机测试、城市公共设施等多种功能。它由两座超高层塔楼构成，西楼40层，东楼44层，两者通过一座宛如轻纱般悬浮的钢结构索桥优雅地连接在一起(如图6-99)。

各塔楼均以其核心筒为支撑，利用延伸的钢结构，分别悬挂了6块大型的玻璃体量，东西双塔共计12块玻璃体量巧妙布局，构成了独一无二的非对称大型悬挑钢结构系统。这些错落分布的玻璃体量赋予了每个建筑立面独特的形态，展现出不对称的美学魅力。全裸露的钢结构设计，在夜幕降临时，借助建筑的泛光照明，进一步凸显了结构的力度，将真实而简约的美学理念表达得淋漓尽致。

天空之城采用的悬挑结构设计，有效地扩大了地面空间的利用面积。天空之城的景观绿化区域被扩展至地块边界之外，使得整体景观面积达到2.7万平方米。裙楼的屋顶花园与周边城市绿化实现了无缝衔接，不仅为市民及企业员工提供了更为广阔的绿色休憩场所，还促进了建筑与城市生活的和谐共融（如图6-100）。此外，裙楼内还配备了包括社区卫生服务中心等城市公共设施，为周边居民带来了极大的便利。

位于东西双塔基座的是两个分别独立且由天然石材挂板精心拼接而成的坚固外立面，它们构成了天空之城的堡垒式底部结构。步入裙楼底层的半开放式大堂，首先映入眼帘的是一株形态简约的黑松。它与枯山水的设计元素及展现自然肌理的夯土墙相得益彰，巧妙融合了自然禅意与现代科技，营造出一种静谧而纯净的氛围（如图6-101、图6-102）。

图6-99　大疆全球总部——天空之城

图6-100　裙楼的屋顶花园

图6-101　天空之城的入口

图6-102　天空之城的内部空间

天空之城所采用的非对称悬挑设计，旨在创造无柱的办公空间，从而提供极大的办公灵活性。每个玻璃体量内含8至14层的办公区域，每层均环绕以270度的玻璃幕墙设计，不仅确保了办公空间内自然光的充足，也为员工提供了更为广阔的视野享受。此外，办公家具采用了可调节高度、可伸缩等一系列人体工程学设计，旨在提升员工的办公舒适度。这种无柱的办公空间布局还便于满足多样化的办公及休闲需求，如设置空中试飞区、空中花园等。

6.4.3　英国鬼才建筑师托马斯·赫斯维克的网红建筑作品赏析

托马斯·赫斯维克是一位英国籍设计师，1971年出生于英国伦敦，1994

年创立了个人工作室，并在建筑设计领域持续深耕，现为英国皇家建筑师协会荣誉会员、皇家艺术学院高级会员，拥有谢菲尔德哈勒姆大学、曼彻斯特城市大学、布莱顿大学及邓迪大学颁发的博士学位。2004 年，托马斯·赫斯维克荣获“皇家工业设计”勋章。2006 年，托马斯·赫斯维克荣获“菲利普王子奖”，这一奖项被誉为建筑领域的“奥斯卡奖”。如今，托马斯·赫斯维克已成为英国建筑设计界备受瞩目的人物之一。

三维设计专业出身的托马斯·赫斯维克，在产品与工业设计领域展现出了非凡的才华。从可伸缩的桥梁、纸制房屋、伦敦城市巴士（如图 6–103）、伦敦奥运会主火炬台，到旋转陀螺椅、可拉伸桌子等作品，无论规模大小，他的设计总是被形容为灵动、神奇和有趣。

图 6–103　伦敦城市巴士

在建筑领域，跨界至产品设计的建筑师屡见不鲜，然而由产品设计成功转型至建筑设计并取得显著成就的设计师则屈指可数，托马斯·赫斯维克便是其中之一。

2010 年上海世界博览会，面对预算限制与英国政府提出的独特挑战，托马斯·赫斯维克的工作室在包括扎哈·哈迪德等一众知名建筑师在内的 47 个竞标团队中脱颖而出，成功拿下了英国馆的设计项目。托马斯·赫斯维克最终呈现的“种子圣殿”不仅深受英国民众的喜爱，更在全球范围内赢得了广泛赞誉。

该建筑为一座 6 层高的立方体结构，四周密布约 6 万根透明的亚克力杆（如图 6–104）。日间，光线穿透这些亚克力杆照亮内部空间。夜晚，馆里则依靠亚克力杆内嵌入的 LED 实现照明。每根亚克力杆内均藏有不同种类的种子，这些种子是从伦敦相关机构与中国科学院昆明植物研究所联合提供的种子库中精选而来。

鉴于预算紧张，英国政府允许托马斯·赫斯维克将设计重点放在能源创新上，而非追求宏大的建筑规模。因此，尽管英国馆坐拥足球场大小的场地，但除建筑本体外，其余区域均作为公共空间开放，既高效利用了场地资源，又符合了英国政府的财政预算。展览结束后，这些内含种子的亚克力杆被拆卸下来，通过网络进行拍卖，转化为具有纪念意义的小饰品。

2015年，托马斯·赫斯维克的首个重大作品在新加坡南洋理工大学校园内正式竣工。该作品被命名为“The Hive”学习中心，其设计理念正如其名，模仿蜂巢结构，旨在打造一个适应互联网时代的大学交流平台（如图6-105）。

图6-104　2010年上海世博会英国馆

图6-105“The Hive”学习中心

该建筑通过向混凝土中掺入颜料，实现了独特的浅色调外观。其设计摒弃了传统的主入口及大门，允许从四周任意方向进入中央庭院。开放式的庭院布局极大地促进了环绕教室的空气流通，对于处于热带气候区的新加坡而言，这一设计尤为适宜。围绕中央庭院，建筑的每层都布局有11个空间，以豆荚状教室的形式灵活分布，增强了空间使用的多样性。即便在假期，该建筑也会吸引众多社团成员和独立学习者前来，他们会根据个人需求选择不同的功能区域。

事实上，托马斯·赫斯维克近些年才在建筑行业被广泛关注。短时间内，他相继设计了包括蔡茨非洲当代艺术博物馆、伦敦国王十字广场、伦敦奥运场馆改造项目，以及纽约哈德逊广场的“The Vessel”在内的多个重大项目。这些作品的成功实施与开放，使得托马斯·赫斯维克迅速崛起为当前建筑领域万众瞩目的新星。

课程思政小结

本章通过赏析现代建筑大师、后现代建筑大师、当代建筑大师及网红建筑等作品，展现了不同时代建筑师的使命担当。通过建筑大师设计的作品案例，传递了建筑师的使命不仅是创造美，更是回应时代需求的职业信念；通过对比国际风格与地域性创作，引导学生思考建筑师的文化责任，即如何在全球化背景下避免“文化失语”；通过网红建筑作品案例，强调流量之外，更需深耕文化内核的设计价值观。

主要参考文献

[1] 维特鲁威.建筑十书［M].高履泰，译.北京:中国建筑工业出版社，1986.

[2] 迈克尔·坎内尔.贝聿铭传:现代主义大师［M].倪卫红，译.北京:中国文学出版社，1997.

[3] 丁文江，赵丰田.梁启超年谱长编［M].上海:上海人民出版社，1983.

[4] 鲍家声.建筑设计教程［M].北京:中国建筑工业出版社，2009.

[5] 建筑设计资料集编委会.建筑设计资料集（第三版）［M].北京:中国建筑工业出版社，2017.

[6] 彭一刚.建筑空间组合论（第三版）［M].北京:中国建筑工业出版社，2008.

[7] 钟训正，孙钟阳，王文卿.建筑制图（第二版）［M].南京:东南大学出版社，2005.

[8] 赫曼·赫茨伯格.建筑学教程1:设计原理（第二版）［M].仲德崑，译.天津：天津大学出版社，2008.

[9] 程大锦.建筑:形式、空间和秩序（第四版）［M].刘丛红，译.天津:天津大学出版社，2018.

［10］弗朗西斯·D.K.程，建筑图像词典［M］.高履泰，译.北京:中国建筑工业出版社，1998.

［11］斯皮罗·科斯托夫.城市的形成：历史进程中的城市模式和城市意义［M］.单皓，译.北京:中国建筑工业出版社，2005.

［12］M·萨利赫·乌丁.建筑三维构图技法［M］.陆卫东，译.北京:中国建筑工业出版社，1998.

［13］德普拉泽斯.建构建筑手册［M］.任铮钺等，译.大连:大连理工大学出版社，2007.

［14］日本建筑学会.建筑设计资料集成:人体·空间篇［M］.顾琴轩，译.天津:天津大学出版社，2007.

［15］芦原义信.外部空间设计［M］.尹培桐，译.南京:江苏凤凰文艺出版社，2017.

［16］芦原义信.街道的美学［M］.尹培桐，译.天津:百花文艺出版社，2007.

［17］诺伯格·舒尔兹.存在·空间·建筑［M］.尹培桐，译.北京:中国建筑工业出版社，1990.

［18］戴吾三.考工记图说［M］.济南:山东画报出版社，2003.

［19］闻人军,考工记译注［M］.上海:上海古籍出版社，1993.

［20］刘敦桢,中国古代建筑史（第二版）［M］.北京:中国建筑工业出版社，1984.

［21］项秉仁.赖特［M］.北京:中国建筑工业出版社，1992.

［22］蘅塘退士.唐诗三百首［M］.海口:海南出版社，1994.

［23］W·博奥席耶，O·斯通诺霍.勒·柯布西耶全集·第2卷·1929-1934年［M］.牛燕芳，程超，译.北京:中国建筑工业出版社，2005.

［24］刘先觉.密斯·凡·德·罗［M］.北京:中国建筑工业出版社，1992.

［25］保罗·拉索.图解思考：建筑表现技法（第三版）［M］.邱贤丰，刘宇光，郭建青，译.北京：中国建筑工业出版社，2002.

［26］W·博奥席耶.勒·柯布西耶全集·第5卷·1946-1952年［M］.牛

燕芳，程超，译.北京:中国建筑工业出版社，2005.

[27] 约兰·希尔特.阿尔瓦·阿尔托:设计精品 [M].何捷，陈欣欣，译.北京:中国建筑工业出版社，2005.

[28] 刘先觉.阿尔瓦·阿尔托 [M].北京:中国建筑工业出版社，1998.

[29] 蔡凯臻，王建国.阿尔瓦罗·西扎 [M].北京:中国建筑工业出版社，2005.

[30] 肯尼斯·弗兰姆普敦.现代建筑:一部批判的历史 [M].张钦楠等，译.北京:生活·读书·新知三联书店，2004.